大兴安岭南段毕力赫与宝力格成矿岩体地质地球化学

GEOLOGY AND GEOCHEMISTRY OF BILIHE AND BAOLIGE ORE-ASSOCIATED GRANITE IN THE SOUTHERN GREAT HINGAN RANGE

朱雪峰　陈衍景　王　玭　著

图书在版编目(CIP)数据

大兴安岭南段毕力赫与宝力格成矿岩体地质地球化学/朱雪峰,陈衍景,王玭著. —武汉：中国地质大学出版社,2024.5
ISBN 978-7-5625-5886-6

Ⅰ.①大… Ⅱ.①朱… ②陈… ③王… Ⅲ.①大兴安岭-多金属矿床-成矿-地质地球化学-研究 Ⅳ.①P618.201

中国国家版本馆 CIP 数据核字(2024)第 112128 号

大兴安岭南段毕力赫与宝力格成矿岩体地质地球化学	朱雪峰 陈衍景 王 玭 著
责任编辑：胡 萌　　　　　　选题策划：唐然坤	责任校对：沈婷婷
出版发行：中国地质大学出版社(武汉市洪山区鲁磨路388号)	邮编：430074
电　　话：(027)67883511　　　传　　真：(027)67883580	E-mail:cbb@cug.edu.cn
经　　销：全国新华书店	http://cugp.cug.edu.cn
开本：787 毫米×1092 毫米　1/16	字数：230 千字　　印张：9
版次：2024 年 5 月第 1 版	印次：2024 年 5 月第 1 次印刷
印刷：广东虎彩云印刷有限公司	
ISBN 978-7-5625-5886-6	定价：98.00 元

如有印装质量问题请与印刷厂联系调换

前 言

中亚造山带是世界上最大的增生型造山带,其演化历史以古亚洲洋的长期俯冲以及众多微陆块的碰撞拼贴为特征,是我国演化历史最长、构造及岩浆活动最复杂的造山带,经历了复杂的软碰撞弱造山的演化过程,最终形成以古生代小型陆块相嵌、多块体拼贴增生的独特地质构造格局。大兴安岭南段属于中亚造山带中东段,毗邻蒙古陆块,以发育众多与俯冲和碰撞有关的岩浆岩及相关的岩浆热液矿床为特征,是研究岩浆热液矿床的最佳构造位置之一。随着研究和找矿工作的深入,越来越多的大型—超大型矿床被发现,大兴安岭南段与岩浆作用有关的矿化逐渐引起了众多的地质学家和矿床学家的重视。然而,关于这些岩浆岩及岩浆热液矿床形成的构造背景、物质来源和金属的富集机制仍然存在许多争议。这些不确定性严重影响了找矿指导思路,阻碍了找矿勘查进程。研究不同时期的岩浆成因、物质来源以及不同岩浆过程对金属的富集作用,有助于为大兴安岭南段金属找矿勘查工作提供理论支持,同时也为研究与俯冲和碰撞有关的岩浆热液矿床提供依据。

本书共 5 章。第 1 章介绍了兴蒙造山带区域构造格架和构造单元,总结了区内岩浆岩时空分布特征;第 2 章和第 3 章分别以毕力赫斑岩型金矿和宝力格热液脉型铅锌矿化为典型实例,通过对矿床地质、成矿岩体特征和容矿围岩的年龄及元素地球化学特征进行研究,讨论了斑岩型金矿和热液脉型铅锌矿的成矿机制以及区域成矿构造环境;第 4 章对兴蒙造山带南段的岩浆热液矿床进行了统计,总结归纳了 3 种主要类型岩浆热液矿床(即斑岩型矿床、热液脉型矿床和矽卡岩型矿床)的时空分布规律,探讨了区域构造演化特征及成矿规律;第 5 章对本书的主要内容进行了总结。

本书得到了北京大学赖勇和李文博教授以及北京科技大学钟日晨教授的悉心指导,野外工作得到了山东黄金集团有限公司王守旭高级工程师和内蒙古赤峰地质矿产勘查开发有限责任公司许建高级工程师的指导和帮助,北京大学矿物学、岩石学、矿床学专业博士毕业生张成、邓轲和许强伟等参加了部分研究工作,内蒙古科技大学矿业工程硕士生张弛绘制了部分图件,谨向他们表示衷心感谢!王秉智同志对作者的工作给予了大力支持和鼓励,在此表示感谢!

本书出版得到国家 973 项目[华北大陆边缘造山过程与成矿(2006CB4035008)]课题 8(大陆边缘造山-成矿理论体系与实验模拟)、国家地质大调查项目[黑龙江省多宝山-大新屯地区铜金矿成矿规律研究及找矿预测(1212011120685)],以及国家自然科学基金项目[白云鄂博 Nb-Fe-REE 矿床铁元素富集与沉淀规律研究(41962006)和大兴安岭超大型斑岩钼矿成矿流体演化及钼同位素研究(42272098)]的资金支持。受研究程度和作者学术水平限制,本书还存在一些未理清和有待进一步探索的问题,敬请同行专家和读者批评指正。

朱雪峰

2024 年 4 月

目　录

第1章　区域地质背景 (1)
1.1　主要构造边界 (2)
1.1.1　康保-赤峰断裂 (2)
1.1.2　西拉木伦-长春断裂 (3)
1.1.3　二连-贺根山-黑河断裂 (4)
1.1.4　嫩江断裂 (5)
1.2　主要地层单元 (5)
1.2.1　华北克拉通北缘裂谷带 (6)
1.2.2　白乃庙早古生代弧增生杂岩带 (8)
1.2.3　锡林浩特晚古生代弧增生杂岩带 (11)
1.2.4　兴安地块 (12)
1.3　岩浆作用 (15)
1.3.1　太古宙 (15)
1.3.2　元古宙 (16)
1.3.3　早古生代 (17)
1.3.4　晚古生代 (18)
1.3.5　中生代—新生代 (18)

第2章　毕力赫金矿及成矿岩体 (19)
2.1　矿床地质 (19)
2.1.1　地层 (19)
2.1.2　构造 (21)
2.1.3　岩浆岩 (21)
2.1.4　矿体及矿石特征 (22)
2.2　成矿岩体特征 (24)
2.2.1　岩体地质及岩相学特征 (24)
2.2.2　元素地球化学特征 (25)
2.2.3　同位素地质年代学及地球化学 (29)
2.2.4　成矿岩体成因 (34)

- 2.3 围岩火山碎屑岩特征 …………………………………………………………… (37)
  - 2.3.1 火山碎屑岩地质特征与岩性 ……………………………………………… (37)
  - 2.3.2 元素地球化学特征 ………………………………………………………… (38)
  - 2.3.3 同位素地质年代学及地球化学 …………………………………………… (41)
  - 2.3.4 火山岩成因 ………………………………………………………………… (46)
- 2.4 白乃庙早古生代弧增生杂岩带构造背景 …………………………………… (49)
- 2.5 金的富集、迁移以及沉淀过程 ……………………………………………… (52)
  - 2.5.1 金的富集 …………………………………………………………………… (52)
  - 2.5.2 金的迁移 …………………………………………………………………… (53)
  - 2.5.3 金的沉淀 …………………………………………………………………… (54)

第3章 宝力格铅锌矿点及花岗杂岩体 …………………………………………… (59)
- 3.1 矿区地质 ………………………………………………………………………… (59)
  - 3.1.1 地层 ………………………………………………………………………… (59)
  - 3.1.2 构造 ………………………………………………………………………… (61)
  - 3.1.3 岩浆岩 ……………………………………………………………………… (62)
  - 3.1.4 矿化特征 …………………………………………………………………… (62)
- 3.2 花岗杂岩体特征 ………………………………………………………………… (62)
  - 3.2.1 岩相学特征 ………………………………………………………………… (62)
  - 3.2.2 元素地球化学特征 ………………………………………………………… (63)
- 3.3 同位素年代学及地球化学特征 ………………………………………………… (67)
  - 3.3.1 同位素年代学 ……………………………………………………………… (67)
  - 3.3.2 锆石 Hf 同位素特征 ……………………………………………………… (73)
  - 3.3.3 全岩 Sr-Nd 同位素特征 …………………………………………………… (73)
- 3.4 岩浆源区与岩石成因 …………………………………………………………… (79)
- 3.5 兴安地块构造背景探讨 ………………………………………………………… (84)
- 3.6 二连浩特-东乌旗成矿带铅锌矿化及成矿年龄 ……………………………… (86)

第4章 大兴安岭南段岩浆热液矿床成矿规律 …………………………………… (91)
- 4.1 主要矿床类型及时空分布 ……………………………………………………… (99)
  - 4.1.1 斑岩型矿床 ………………………………………………………………… (100)
  - 4.1.2 热液脉型矿床 ……………………………………………………………… (101)
  - 4.1.3 矽卡岩型矿床 ……………………………………………………………… (101)
- 4.2 区域构造演化及成矿规律 ……………………………………………………… (102)

第5章 总 结 …………………………………………………………………………… (106)

主要参考文献 …………………………………………………………………………… (108)

附 录 实验方法及条件 ……………………………………………………………… (135)

第1章 区域地质背景

中亚造山带西起哈萨克斯坦,向东延伸至西伯利亚,宽约300km,其北为西伯利亚克拉通,南为塔里木及华北克拉通(图1.1~图1.2;Xiao et al.,2003)。中亚造山带的演化历史以古生代期间古亚洲洋的长期俯冲及众多微陆块的碰撞拼贴为特征,是一个典型的强增生-弱碰撞型造山带(Chen et al.,2017)。

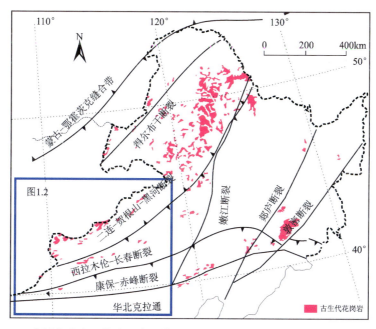

图1.1 中国东北大地构造及古生代花岗岩分布简图(据Chen et al.,2016,有修改)

大兴安岭地区属于中亚造山带东段,其北以蒙古-鄂霍茨克缝合带与西伯利亚克拉通为界,南以康保-赤峰断裂与华北克拉通南缘为界,东以嫩江断裂与松辽盆地为界,向西延伸至俄罗斯、蒙古国境内。区内包括4个主要的构造单元,自北向南依次为额尔古纳地块、兴安地块、锡林浩特晚古生代弧增生杂岩带以及白乃庙早古生代弧增生杂岩带,分别以得尔布干断裂、二连-贺根山-黑河断裂、西拉木伦-长春断裂为界(图1.1;陈衍景等,2012;Li et al.,2012a;祁进平等,2005)。大兴安岭南段位于兴蒙造山带西南段,南邻华北克拉通北缘裂谷带,主要包括兴安地块西南部、锡林浩特晚古生代弧增生杂岩带、白乃庙早古生代弧增生杂岩带3个构造单元,现将大兴安岭南段及其相邻构造单元详细介绍如下。

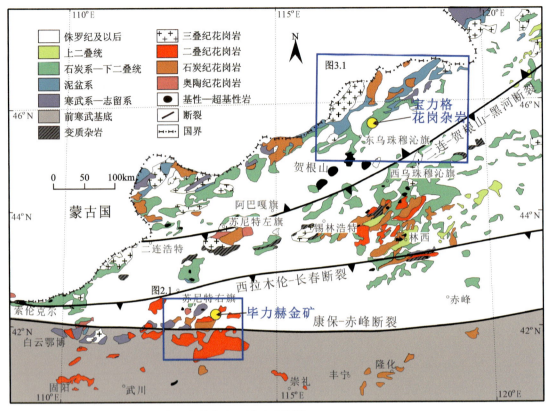

图1.2 大兴安岭南段区域地质简图(据 Shi et al.,2016,有修改)

1.1 主要构造边界

1.1.1 康保-赤峰断裂

大兴安岭的南部构造边界,位于乌拉特后旗—白云鄂博—化德—康保—赤峰—开源一线,沿此线发育一条岩石圈深大断裂,称为康保-赤峰断裂,又称为华北克拉通北缘断裂。断裂自西向东,各区段的形成时代、切割深度和活动方式等都有明显差别。据此,将康保-赤峰断裂分为西段、中段和东段3个部分(内蒙古自治区地质矿产局,1991)。其中,对大兴安岭南部造成影响的主要为中段。

康保-赤峰断裂西段西起北大山南,东至口子井一带,呈一东西向直线延伸的挤压破碎带。破碎带宽1~2km,发育糜棱岩化、碎裂岩化及片理化等动力迹象。断面倾向北,倾角为50°~70°(内蒙古自治区地质矿产局,1991)。该断裂形成于早古生代,石炭纪—二叠纪活动强烈,伴有大规模的中酸—中基性及超基性岩浆活动,至中生代—新生代仍见活动迹象,是一个长期活动的岩石圈断裂。整个古生代和中生代初期,南侧长期上升隆起遭受剥蚀,北侧发育古生代沉积建造。

康保-赤峰断裂中段断裂西起内蒙古狼山北侧,向东经过白云鄂博、温都尔庙、化德县进入河北境内,与康保-围场深断裂相连(陈跃军和彭玉鲸,2002;张成,2015;王玭,2015)。该断裂在中新元古代时期活动剧烈,断裂南侧发生强烈凹陷,形成中元古界渣尔泰山群和白云鄂博群;断裂北侧沉积下寒武统温都尔庙群变火山岩建造(内蒙古自治区地质矿产局,1991;王玭,2015)。至晚古生代,断裂对其南、北两侧的地质发展仍然具有控制作用(张成,2015;王玭,2015)。沿断裂分布有一系列自南向北的逆冲推覆构造组合,上盘主要为白云鄂博群,下盘为古生界(包括徐尼乌苏组、西别河组、三面井组和额里图组等),在徐尼乌苏一带发育大量的飞来峰、构造窗(李刚等,2012)。地球物理数据显示,本段影响深度不大,只深入到基底而未切穿硅铝层,属大断裂性质(张成,2015)。

康保-赤峰断裂东段自河北围场北部向东延伸入内蒙古赤峰、平庄等地,继续向东进入辽宁阜新北部,至中朝边境吉林省三合镇(陈跃军和彭玉鲸,2002;张成,2015)。本段断裂属于岩石圈断裂,地表出现规模巨大的挤压破碎带,破碎带走向波状弯曲,倾向多变,倾角陡立,倾角在70°~80°之间(内蒙古自治区地质矿产局,1991;张成,2015;王玭,2015)。带内动力变质明显,具有大量压碎岩、糜棱岩及千枚岩,形成挤压片理和构造扁豆体(张成,2015;王玭,2015)。断裂始于太古宙末,自元古宙断裂明显发育(张成,2015)。

1.1.2 西拉木伦-长春断裂

西拉木伦-长春断裂,西起达茂旗嘎少庙一带,向东经过苏尼特右旗温都尔庙之后延入吉林省(王玭,2015)。断裂呈东西向延伸,长度大于1100km,宽度大于10km,最宽可达30~40km(内蒙古自治区地质矿产局,1991;王玭,2015)。断裂在嘎少庙至温都尔庙地区特征显示清晰,发育揉皱片理化、糜棱岩化、摩擦镜面及膝折构造等动力学痕迹,具有韧性剪切带特征(内蒙古自治区地质矿产局,1991)。在苏尼特右旗武艺台、乌兰敖包及图林凯一带连续分布蛇绿岩套(Jian et al.,2010)及蓝闪石岩带(陈斌等,2009),说明深断裂是加里东期古亚洲洋向南部华北克拉通之下俯冲消减的古俯冲带(王玭,2015)。地震剖面显示,沿断裂两盘发育褶皱和逆冲推覆构造,断裂面向南倾,在深部发生滑脱面归并。从残留的地层推测,断裂南侧为加里东期褶皱带,北侧为晚海西褶皱带(姚欢等,2013;王玭,2015;张成,2015)。西拉木伦-长春断裂具有一定的负反转性质,在晚古生代至中生代为逆冲断裂,至新生代转变为张性断裂(姚欢等,2013;王玭,2015),是一条规模宏大、长期发展的超岩石圈断裂,对研究区构造具有重要的作用(内蒙古自治区地质矿产局,1991;王玭,2015;张成,2015)。

西拉木伦-长春断裂被许多学者认为是古亚洲洋最终闭合的缝合带(任纪舜等,1999;Wu et al.,2011a;许文良等,2013;王玭,2015)。一些学者认为,西拉木伦-长春断裂是古生代期间华夏特提斯型与西伯利亚型动物群的分界线(王成文等,2008)。沿西拉木伦-长春断裂北侧的杏树洼至九井子一带发育一条北东东向断续延伸的蛇绿岩带。蛇绿岩带长约180km,断裂带构造特征清晰,南、北两侧亦发育两套明显不同的地层系统(王玉净和樊志勇,1997;刘兵,2014;张成,2015)。一些学者认为这一蛇绿岩带与西部的索伦山蛇绿岩属于同一断裂带,古亚洲洋最终沿该断裂带闭合(任纪舜等,1999;Wu et al.,2011a;许文良等,2013;王玭,2015)。

对于西拉木伦河断裂的形成时间，存在以下两种观点：一种观点认为断裂形成于志留纪，主要依据对呼兰群变质岩、红旗岭镁铁—超镁铁质侵入岩、吉林中部大玉山花岗岩体(孙德有等，2004)等方面的研究(赵春荆等，1996；郝爱华等，2006；刘兵，2014；张成，2015)；另外一种观点认为西拉木伦-长春断裂形成于晚二叠世，主要依据为对构造带两侧古生物特征的对比分析(王成文等，2008)、对华北和西伯利亚地块古纬度与纬度运移量的对比分析(李朋武等，2006)，以及大量有关地质年代学的研究成果(Xiao et al.，2003；孙德有等，2004；张成，2015；王玭，2015)。

1.1.3　二连-贺根山-黑河断裂

二连-贺根山-黑河断裂西端自蒙古国境内延入本区，向东经过苏尼特左旗、贺根山，再向东北地区时隐时现，最终延伸至大兴安岭附近(张文钊，2010；王玭，2015；张成，2015)。断裂总体呈北东向展布，全长约680km。东端被中生代—新生代火山岩掩盖。沿黑河—嫩江一带发育年龄(锆石U-Pb)为290～260Ma的晚古生代碱性花岗岩岩体，指示二连-贺根山缝合带向东北延至黑河附近(孙德有等，2000；王玭，2015)。此外，沿断裂带发育大量海西期-印支期花岗岩、超基性岩体和古陆核残片，以及蛇绿岩(姚欢等，2013；刘兵，2014)。蛇绿岩尤以贺根山地区最为发育，呈带状分布(Miao et al.，2008)。在朝克乌拉地区的蛇绿岩套中，地表显露大规模叠瓦状构造，见叶蛇纹石化二辉橄榄岩推覆至条带辉长岩之上，条带辉长岩又推覆至斜长角闪岩之上(王玭，2015；张成，2015)。钠长角闪岩中见镁闪石，说明这里曾经历过高压构造环境。断裂带岩石破碎，糜棱岩发育。

二连-贺根山-黑河断裂是一条超岩石圈断裂(内蒙古自治区地质矿产局，1991)。多数地质工作者认为二连-贺根山-黑河断裂是一条古板块缝合线，有些地质工作者认为是古亚洲洋闭合的缝合带(Tang，1990；Sengör et al.，1993；Robinson et al.，1999；陈衍景等，2009a；邵积东，2012)。首先，二连-贺根山断裂带为两个一级地层区(西伯利亚板块与华北板块)的分界线，北侧为北疆-兴安地层大区，南侧为华北地层大区(内蒙古自治区地质矿产局，1991；王玭，2015；邵济安等，2015)。其次，断裂带两侧古生代各时段的地层建造、生物区系、地质构造环境及其演化特点不同(白文吉等，1995；邵积东，2012)，说明它们是形成于两个明显不同的地质演化过程(姚欢等，2013；王玭，2015)。

关于二连-贺根山-黑河断裂的形成时间，内蒙古自治区地质矿产局(1991)认为该断裂带形成于早二叠世。二叠纪以前，断裂带为一较宽阔海槽，处于兴安地块(西伯利亚增生板块)和艾力格庙-锡林浩特中间地块之间。从石炭纪开始，区内发生水平侧向挤压和海槽收敛活动，在早二叠世海槽封闭，兴安地块与艾力格庙-锡林浩特中间地块拼贴，在缝合带形成蛇绿岩套、高压变质岩和混杂岩(内蒙古自治区地质矿产局，1991；张文钊，2010)。研究表明，贺根山蛇绿岩形成于早二叠世298～293Ma(Miao et al.，2008；Xiao and Kusky.，2009；张成，2015)。而沿断裂带发育的林西组等二叠纪海相地层表明该断裂带闭合的时间可能在晚二叠世甚至在早三叠世(Sengör et al.，1993；Robinson et al.，1999；陈衍景等，2012)。

1.1.4 嫩江断裂

嫩江断裂北起于黑龙江黑河,向西南沿嫩江流域经过齐齐哈尔进入吉林境内,再由吉林进入内蒙古白音诺尔,继续向南进入河北省(内蒙古自治区地质矿产局,1991;张成,2015)。断裂整体为一个走向北北东、倾向北东东的低角度正断层,长度超过 1200km(张成,2015;王玭,2015)。断裂控制了大兴安岭山地和松辽盆地的形成与发展,断裂东西两侧分别为大兴安岭山地(兴蒙造山带)和松辽断陷盆地(内蒙古自治区地质矿产局,1991;丁凌,2008;赵斌,2010;张成,2015;王玭,2015)。

嫩江断裂切穿了经过的所有早期深大断裂,形成时代明显较晚(图 1.2;王玭,2015;张成,2015)。受太平洋板块俯冲影响,沿嫩江断裂带分布古生代和中生代中酸性侵入岩及新生代玄武岩,推测其形成时代为晚古生代,在侏罗纪活动最强,至新生代更新世仍有活动(黑龙江省地质矿产局,1993;张成,2015;王玭,2015;殷娜等,2019)。

1.2 主要地层单元

大兴安岭南段南邻华北克拉通北缘裂谷带,纵跨白乃庙早古生代弧增生杂岩带、锡林浩特晚古生代弧增生杂岩带以及兴安地块 3 个构造单元(图 1.2)。华北克拉通北缘裂谷带以发育高级变质太古宙结晶基底和中元古代盖层为特征;而 3 个构造单元被认为是散布于古亚洲洋中的微陆块,以发育新生地壳和古生代岛弧火山岩为特征,仅局部零星出露前寒武纪地层,各构造单元前寒武纪地层对比如表 1.1 所示。

表 1.1 大兴安岭南段及其邻区各构造单元前寒武纪地层对比表(据内蒙古自治区地质矿产局,1991)

时代		华北克拉通北缘裂谷带		白乃庙早古生代弧增生杂岩带		锡林浩特晚古生代弧增生杂岩带	兴安地块
新元古界	800Ma					艾力格庙群	
	1000Ma					?	
中元古界	1400Ma		什那干群			白乃庙群	
			?	白音都西群		宝音图群	
		白云鄂博群	渣尔泰山群		?		
	1600Ma						
古元古界			二道凹群				
		色尔腾山群	?				兴华渡口群
	2500Ma						?
新太古界		乌拉山群					
	3200Ma	?					
古太古界		上集宁群					
		?					
		下集宁群					

1.2.1 华北克拉通北缘裂谷带

华北克拉通北缘裂谷带位于康保-赤峰断裂以南(图1.1、图1.2),大地构造位置属于华北克拉通北缘与中亚造山带南缘相接的部位。华北克拉通北缘裂谷带以太古宇集宁群和乌拉山群高级变质岩为结晶基底。其上覆盖古元古界色尔腾山群、二道凹群和中元古界白云鄂博群、渣尔泰山群海相碎屑沉积,寒武系—奥陶系海相碎屑和碳酸盐沉积,中石炭系—三叠系河流相及三角洲沉积,以及侏罗系—白垩系火山沉积。

1. 太古宇集宁群和乌拉山群

集宁群分为上集宁群和下集宁群,下集宁群为大石窑沟组,上集宁群为沙渠村组和下白窑组,下集宁群不含以矽线(堇青)榴石钾长(二长、斜长)片麻岩为特征的上部岩系,而上集宁群底部夹有麻粒岩类(内蒙古自治区地质矿产局,1991)。下集宁群以兴和县南部韭菜嘎达—黄土窑一线出露较好,变质岩组合以麻粒岩为主,夹较多辉石斜长片麻岩和少量斜长角闪岩,形成麻粒岩-辉石黑云母斜长片麻岩建造。地层局部可见透辉磁铁石英岩薄层(2~5m)或透镜体,走向不稳定且规模小,铁品位低。沉积建造不含大理岩和其他典型陆源碎屑沉积变质产物,是一套层状特征不明显的暗色岩系。该变质沉积建造遭受过强烈混合岩化作用,以重熔为特征,变质相为麻粒岩相,见紫苏花岗岩。上集宁群展布面积较广,出露面积大于下集宁群而稍逊于乌拉山群。中部地区较集中分布于乌兰察布市南部,在武川县韭菜沟西部和土默特右旗北部大青山地区,以及固阳县南、包头市北、乌拉特前旗东乌拉山地区有较大面积出露。上集宁群是在下集宁群初始陆核基础上发育的硅铝质原始陆壳,可分为两个岩组:第一岩组主要有矽线(堇青)榴石钾长(二长、斜长)片麻岩、(含紫苏)黑云斜长片麻岩、石墨片麻岩;第二岩组主要有(含矽线、榴石)长石石英岩、浅变粒岩,组成了矽线(堇青)榴石钾长(二长、斜长)片麻岩-石英岩-麻粒岩建造,是一套层状浅色岩系,变质相为麻粒岩相,混合岩化作用以花岗岩化为特征(龚瑞君,2010;赵帅,2010;肖伟,2013)。石墨片麻岩在兴和县黄土窑等地形成稳定的石墨矿层。

乌拉山群是华北克拉通北缘太古宙时期出露面积最大的岩群。中部地区集中分布在乌拉山地区和大青山地区,东部地区断续分布于太仆寺旗和赤峰市南部,可见厚度超过4158m(内蒙古自治区地质矿产局,1991)。变质岩组合上部为长石石英岩-(含石墨)大理岩变质建造;中、下部为斜长角闪岩-角闪斜长片麻岩(夹磁铁矿石英岩)变质沉积建造(董桂玉,2009;张成,2015)。中、下部产有厚度大的角闪质岩系,中、上部大理岩十分发育,赋存有构成该群标志的含铁矿层,含石墨层局部富集成石墨矿。变质相总体表现为高角闪岩相,区域混合岩化以注入为特征,混合岩过程以钾交代为主。

2. 古元古界色尔腾山群和二道凹群

色尔腾山群主要分布在阴山山脉中段的色尔腾山北部和中部,即乌拉特前旗大佘太镇一带。顶底关系不清,最大厚度达6038m(内蒙古自治区地质矿产局,1991;张成,2015)。色尔腾山群为一套典型的中级变质程度的绿岩建造,并发育一定量的混合岩化片麻岩和混合岩等,原岩主要为基性火山岩,夹有陆源和火山碎屑沉积岩(张锐,2008)。中部及上部的火山活动显示出超镁铁质基性熔岩(科马提岩)→拉斑玄武岩→钙碱性火山岩的演化特点,上部显示出拉斑玄武岩→钙碱性火山岩的演化特征(赵帅,2010)。色尔腾山群源岩沉积环境应为基底隆升频繁的深海还原环境。上部层位赋存有古元古界的主要含铁矿层位,局部地段形成大、中型铁矿。

二道凹群主要分布于呼和浩特市以北的大青山地区,出露厚度大于1972m(内蒙古自治区地质矿产局,1991;林孝先,2011)。下界线与新太古界乌拉山群关系不清,上界线被中元古界渣尔泰山群大角度不整合覆盖。该群分为上、下两个部分和上、中、下3个岩组。下岩组为绿片岩组,主要岩性包括绿泥片岩、绢云片岩和角闪斜长片岩等(张锐,2008;龚瑞君,2010;肖伟,2013),夹含铁石英岩和片麻岩,其原岩应为黏土质岩石,一部分可能为中性火山岩或火山凝灰岩。中岩组和上岩组分别为大理岩夹片岩组、片岩夹大理岩组,原岩分别主要由灰岩和黏土—半黏土质矿物组成,残存韵律构造(内蒙古自治区地质矿产局,1991)。从建造特征看,二道凹群应该是离岸较远的浅海相沉积,部分为滨海相(龚瑞君,2010)。

3. 中元古界白云鄂博群、渣尔泰山群和什那干群

典型的白云鄂博群主要分布在白云鄂博矿区的东西一线,向东可到化德县,向西可达达茂旗熊包子等地,东西长约600km,总厚度在7200m左右(内蒙古自治区地质矿产局,1991)。其下与色尔腾山群不整合接触,上被侏罗系砾岩不整合覆盖。白云鄂博群主要为一套陆源碎屑沉积建造,夹薄层碳酸盐岩建造,可分为6个岩组,自下而上构成两个相反的沉积大旋回(龚瑞君,2010;林孝先,2011;肖伟,2013)。下半部为一个长期的海进层序,其沉积环境由三角洲—海滩(都拉哈拉组),经滨海带(尖山组),再经滨—浅海带(哈拉霍疙特组),到水深较大的浅海—半深海(比鲁特组)环境(龚瑞君,2010);上半部(从白音宝拉格组至呼吉尔图组)则是一个较短时期的不完全的海退层序。海盆发展中期(哈拉霍疙特组至比鲁特组沉积时期),由于同生断裂的活动,其边坡不稳定,形成有障壁海盆,造成了分布较广的浊流沉积及滑塌堆积(内蒙古自治区地质矿产局,1991;龚瑞君,2010)。由此推测,白云鄂博海盆至少在其发展中期具有拗拉裂谷型带状海盆的构造特征,这与它位于华北地台北缘这一特殊的构造部位相吻合。白云鄂博群的碎屑锆石分析显示,碎屑锆石年龄存在2.7~2.4Ga和2.1~1.8Ga两个峰值区间,$\varepsilon_{Hf}(t)$值分别介于-6.1~6.8和0.5~6.7之间,对应华北板块内岩浆活动的两个主要特征峰2.5Ga和1.85Ga,碎屑锆石来源于华北克拉通北缘早前寒武纪变质结晶基底(马铭株等,2014)。

渣尔泰山群主要分布在阴山山脉中段的渣尔泰山,向西延伸至狼山(赵帅等,2009),该群主要为一套浅变质陆源碎屑沙泥质沉积建造,在时间上与北部的白云鄂博群相当,在沉积建造上两者亦可大致相比。该群可分为4个岩组:书记沟组为含粒砂岩、绢云石英片岩、石英岩夹粉砂质板岩,由下至上成熟度渐好,发育各式层理,岩相具有从三角洲相向海相过渡的特点;增隆昌组为一套碳酸盐岩建造,属于滨海相沉积(龚瑞君,2010);阿古鲁沟组为富含碳质的泥页岩-碳酸盐岩建造;刘洪湾组是海盆夭亡时期沉积的一套浅色调碎屑岩,层理发育,斜层理与波痕所显示的水流方向不一致,为一套受河流影响的滨海相海滩沉积(内蒙古自治区地质矿产局,1991;张成,2015)。渣尔泰山群和白云鄂博群是华北克拉通北缘中元古代长城纪的同期异相产物。南、北两个海盆在早期相对隔绝,中期以后表层连通。

什那干群零散分布于察哈尔右翼后旗、武川县及色尔腾山一带,为一套碳酸盐岩地层,主要由含燧石条带或硅质条带的白云岩和硅质白云质灰岩组成,下部夹有砂岩、页岩和铁锰质页岩。其上与中、下寒武统呈假整合接触,其下不整合于新太古界乌拉山群和古老岩体之上。什那干群沉积厚度近千米,形成于一个具有补偿性沉积特征的海盆。

4. 侏罗系石拐群、大青山组和白女羊盘组

石拐群包括五当沟组、召沟组和长汉沟组。五当沟组、召沟组为含煤地层,主要岩性为长石砂岩、页岩、油页岩夹煤层,植物化石丰富;长汉沟组只发现于包头市石拐区一带,为湖相沉积地层,含化石少,只在淡水灰岩中发现叶肢介化石。石拐群各组之间均为整合接触关系,与上覆地层大青山组为角度不整合接触。

大青山组主要出露在包头石拐区以东的土默特右旗、土默特左旗、武川县、呼和浩特以北及卓资县等地的大青山地区,为一套陆相碎屑岩,主要岩性为粗砂岩、细砂岩、粉砂岩、页岩以及含砾砂岩。含植物化石 *Podozamites* sp.、*Pityophyllum* sp.,蕨类孢子 *Osmunda* sp.、*Pelletieria* sp.,裸子植物花粉 *Pagiophyllum pollenitesszei*、*Cycas* sp.(内蒙古自治区地质矿产局,1991)。

白女羊盘组为一套陆相喷出岩,东起四子王旗,西至乌拉特中旗白女羊盘、书记沟等地,主要岩性为玄武岩夹砂砾岩和凝灰岩、安山岩、流纹岩及泥灰岩。含双壳类 *Ferganoconcha* cf. *jorekensis*,腹足类 *Valvata* sp.,介形类 *Melacypris* sp.、*Darwinula* sp. 和植物 *Pityophyllum* sp. 等(内蒙古自治区地质矿产局,1991)。本组不整合覆盖于大青山组之上,并被下白垩统李三沟组不整合覆盖。

5. 下白垩统李三沟组和固阳组

李三沟组的典型剖面在固阳县李三沟村羊堆窑子一带,在华北克拉通北缘裂谷带各沉积盆地普遍发育,主要岩性为砾岩、砂砾岩、砂质泥岩,局部地区夹薄煤层。本组动、植物化石丰富,主要有瓣鳃类 *Ferganoconcha* cf. *subcentralis* Chernyshev,腹足类 *Zaptychius delicates* Zhu、*Phyasyushugouensis* Zhu,介壳类 *Cypridea unicostata* Gal.,以及爬行类 *Psittacosaurus* 等(内蒙古自治区地质矿产局,1991)。

固阳组分为上、下两个岩性段:下部主要为砾岩、砂岩和砂砾岩;上部为泥岩、页岩与砂岩互层,夹泥灰岩、石膏和可采煤层(赵帅,2010)。动、植物化石丰富,主要植物化石有 *Acanthopteris gothani* Sze、*A. exgr. onychioides* 等,动物化石有双壳类、叶肢介、介形虫、鱼类、昆虫等(内蒙古自治区地质矿产局,1991)。

1.2.2 白乃庙早古生代弧增生杂岩带

白乃庙早古生代弧增生杂岩带位于西拉木伦-长春断裂以南与康保-赤峰断裂以北。与华北克拉通北缘不同,白乃庙弧岩浆岩带未见太古宙结晶基底,以中低变质程度的中元古界白音都西群、白乃庙群、寒武系—志留系温都尔庙群变沉积岩和火山岩以及早古生代侵入岩为特征。这些岩石单元被上志留统陆源磨拉石或类磨拉石建造西别河组不整合覆盖(Zhang and Tang,1989;Tang,1990;内蒙古自治区地质矿产局,1991)。该区泥盆纪地层出露有限。

1. 中元古界白音都西群

白音都西群,仅出露于白乃庙东北部白音都西一带,岩石组合主要有角闪质岩石、云母质片岩类和长英质变粒岩类,为一套中酸—中基性中高级变质岩系(张文钊,2010;张臣,1999)。长英质岩类的原岩主要为长石石英砂岩和泥质岩石等,属于形成于不稳定陆壳上的过渡型陆源碎屑建造,原岩形成环境为非稳定陆壳基底上的盆地环境;角闪质岩石原岩为基性火山岩,岩石化学成分显示大陆拉斑玄武岩特征,其形成环境相当于大陆边缘(张臣和吴泰然,1998;张臣,1999;张文钊,2010;周文孝和葛梦春,2013;肖伟,2013)。白音都西群斜长角闪岩Sm-Nd同位素等时线年龄为(1394 ± 46)Ma,$\varepsilon_{Nd}(t)=7.9\pm2.1$,火山活动发生在中元古代,成岩物质来自亏损地幔源区(聂凤军等,1994a)。

2. 中元古界白乃庙群

白乃庙群,仅出露于白乃庙至谷那乌苏一带,走向近东西,为一套厚约2452m的中酸—中基性绿片岩相变火山岩含铜建造,其原岩为海相火山喷发-沉积建造。白乃庙群底部与白音都西群(1700Ma;聂凤军等,1994a)变质岩系呈断层接触,顶部被中、上志留统类复理石建造不整合覆盖。一般认为白乃庙群自下而上大体可划分为3个岩性段:下部为斜长角闪片岩、绿泥斜长片岩和阳起斜长片岩,中部为长英质片岩和变质流纹英安岩,上部为阳起斜长片岩、绿泥斜长片岩和变质安山质熔岩(周文孝和葛梦春,2013;肖伟,2013)。关于白乃庙群的形成时代存在不同观点,聂凤军等(1990,1995)获得白乃庙群上部岩性段的残斑阳起斜长片岩和石英闪长岩锆石U-Pb上交点年龄为(1130 ± 16)Ma,与绿片岩Sm-Nd等时线年龄(1107 ± 16)Ma基本一致,认为白乃庙群基性火山岩活动发生在中元古代1130~1107Ma;Li等(2008)获得白乃庙群变质火山岩锆石U-Pb年龄为(465 ± 1)Ma,认为其代表白乃庙群形成的年龄;变质火山岩中黑云母^{39}Ar-^{40}Ar年龄为(429.1 ± 4.2)Ma,代表了白乃庙群后期变质年龄。白乃庙群绿片岩$\varepsilon_{Nd}(t)=7.1\pm1.1$,反映出成岩物质来自长期亏损的地幔源(聂凤军等,1995)。

3. 寒武系—中志留统温都尔庙群

温都尔庙群,分布于温都尔庙断裂北侧一带,包括两个岩性段:下部为含铁石英岩、变质火山岩与绢云母石英片岩;上部由各类绢云石英片岩、石英岩组成,局部夹碳酸盐岩沉积。温都尔庙群被上志留统西别河组不整合覆盖,因此多数学者认为温都尔庙群形成于晚志留世之前。然而,温都尔庙群岩层由于遭受不同程度构造运动和变质作用以及缺少可信的古生物化石,其时代归属仍然存在较大争议(张臣和吴泰然,1999)。目前,主要存在两种观点:一种观点认为温都尔庙群形成于新元古代,主要依据包括Sm-Nd同位素等时线和变质岩碎屑锆石U-Pb等时线年龄结果年龄介于961~807Ma之间(聂凤军等,1994b;张臣和吴泰然,1998;冯桂兴等,2015);另一种观点认为温都尔庙群形成于寒武纪-中志留世,主要依据为变火成岩碎屑锆石ICP-MS及SHRIMP U-Pb定年结果年龄介于497~424Ma之间(Jian et al.,2008;李承东等,2012;徐备等,2016)。对应温都尔庙群形成时代的不同观点,其形成的构造环境也存在两种解释:一种观点认为形成于新元古代的温都尔庙群,上部岩性段形成于弧后盆地环境,下部岩性段形成于早期拉张过程的岩浆型被动陆缘环境(张臣和吴泰然,1998);另一种观点认为温都尔庙群形成于寒武纪—中志留世,为一套早古生代俯冲增生杂岩,形成于古亚洲洋俯冲增生的活动陆缘环境(Xiao et al.,2003;Jian et al.,2008;李承东等,2012)。

4. 中上奥陶统包尔汉图群

包尔汉图群,主要分布于白云鄂博北部地区和乌拉特中旗一带。根据被巴特敖包组(晚志留世)不整合覆盖和所含 Callograptus sp.、Desmograptus sp.、ictyonema sp. 笔石化石,将其形成时代定为奥陶纪(内蒙古自治区地质矿产局,1991)。包尔汉图群包括布龙山组和哈拉组,布龙山组在布龙山地区以硅质板岩为主,夹长石砂岩、粉砂质板岩、砂钙质板岩、大理岩以及安山岩等(辛江,2013),为一套深海硅泥质沉积,形成于弧后盆地沉积环境,在粉砂岩中含有笔石化石(师春和师雅洁,2012)。该组地层未见顶底,地层厚度大于384.3m。哈拉组分布于赛乌苏等地,厚度大于1 689.6m,主要为中酸性、中性熔岩及凝灰岩,形成于岛弧火山环境(师春和师雅洁,2012)。

5. 志留系

中志留统徐尼乌苏组,分布局限,仅见于四子王旗徐尼乌苏一带,为一套类复理石建造,岩性包括板岩、千枚岩、变砂岩及安山质火山岩,为一套浅变质浊积岩。变质程度为千枚岩相(聂凤军等,1995;钟日晨和李文博,2009),形成于弧后盆地火山沉积环境(张金凤等,2017)。该组变质英安质晶屑凝灰岩的锆石 U-Pb 年龄为(441.0 ± 0.9)Ma(张金凤等,2017)。徐尼乌苏组底部与白乃庙群呈不整合接触,顶部被西别河组不整合覆盖。

上志留统巴特敖包组仅分布于达尔罕茂明安联合旗巴特敖包山一带,出露面积小,主要为厚层块状生物碎屑细晶灰岩、中薄层灰岩,夹砂岩、粉砂岩和斑岩等。该组化石极为丰富,包括四射珊瑚、床板珊瑚、层孔虫、苔藓虫、腕足类、三叶虫、鹦鹉螺、介形虫和牙形刺等门类(内蒙古自治区地质矿产局,1991),厚度440m,其上与西别河组为连续沉积。

上志留统西别河组分布广泛,在达尔罕茂明安联合旗西别河、嘎少庙南一带出露面积较全,在四子王旗白乃庙、苏尼特右旗、正镶白旗及阿巴嘎旗查干诺尔等地均有出露(辛江,2013)。主要岩性包括粗粒长石砂岩、长石石英砂岩、云母质细砂岩、粉砂岩夹多层生物碎屑灰岩及灰岩透镜体等(内蒙古自治区地质矿产局,1991;辛江,2013;常利忠,2014)。该组地层为一套滨浅海相磨拉石沉积建造,不整合覆盖于徐尼乌苏组之上(张永清等,2004;张允平等,2010),厚度357m。

6. 石炭系本巴图组和阿木山组

本巴图组在白乃庙早古生代弧增生杂岩带和锡林浩特晚古生代弧增生杂岩带两个地层单元均有分布,在本区主要分布于乌拉特中旗、达尔罕茂明安联合旗及四子王旗一带。主要岩性为碳酸盐岩化石英岩、绿泥石化长英砂岩、粉砂质灰岩和生物碎屑灰岩夹钙质砂岩,不整合于上志留统西别河组之上(内蒙古自治区地质矿产局,1991)。

阿木山组分布广泛,在四子王旗、达尔罕茂明安联合旗、乌拉特中旗北部和乌拉特后旗西部均有出露(李瑞杰,2013)。该组为一套海相碳酸盐岩,岩性包括生物灰岩、白云质灰岩、角砾灰岩、砂质灰岩、结晶灰岩或大理岩等,与下伏本巴图组呈整合接触。

7. 二叠系三面井组和额里图组

三面井组分布零星,仅见于苏尼特右旗那清、化德县公腊胡洞以南、正镶白旗以及正蓝旗额里图牧场二分厂以西等地(梅杨,2013),主要为一套海相碎屑岩。岩性主要为硬砂质、凝灰质砂岩夹灰岩、长石细砂岩夹粉砂岩和板岩。下部为硅质条带生物灰岩;底部为砂砾岩。化石主要为蜓类,含珊瑚和腕足类,上部层位见植物化石碎片。

额里图组分布于正镶白旗和正蓝旗一带,尤以额里图牧场剖面具有代表性(梅杨,2013),

为一套中酸性火山岩及火山碎屑岩,厚度1 667.7m。岩性主要有粉砂岩、长石石英砂岩和粉砂质页岩等,顶部发育有凝灰角砾岩、凝灰岩和少量中性熔岩(梅杨,2013),含大量淡水动植物化石,向西正镶白旗一带火山碎屑成分增多,凝灰岩中含 Paracalamites sp.、Neuropteris sp.、Annularia sp.、Sphenopteris sp. 等植物化石。在小井子、双山子山等地,额里图组夹有海相层,并在泥灰岩中含 Cancrinella 等腕足类化石(内蒙古自治区地质矿产局,1991)。该组地层不整合覆盖于三面井组之上。王挽琼(2014)获得额里图组流纹岩锆石 U-Pb 年龄为 (275.28 ± 0.96) Ma。

8. 上侏罗统玛尼吐组和白音高老组

上侏罗统玛尼吐组和白音高老组为两套火山沉积岩系,代表了两个主要的岩浆活动旋回(睢程晨,2009;卿敏等,2012)。玛尼吐组火山旋回以间歇性的中酸性火山岩浆溢流为主,分布范围较小。白音高老组火山旋回早期以酸性火山岩浆喷溢为主,火山活动强烈;中晚期以中酸性火山岩浆喷溢为主,逐渐转为间歇性喷发(睢程晨,2009;唐明国等,2014),岩性主要有酸性火山碎屑岩、熔岩、熔结凝灰岩夹中酸性火山碎屑岩、火山碎屑沉积岩、沉积岩,整合覆盖于玛尼吐组之上(内蒙古自治区地质矿产局,1991;巫建华等,2013)。

1.2.3 锡林浩特晚古生代弧增生杂岩带

锡林浩特晚古生代弧增生杂岩带位于二连-贺根山-黑河断裂以南与西拉木伦-长春断裂以北。该增生杂岩与白乃庙弧岩浆岩带相似,无太古宙结晶基底,以发育中元古界浅变质滨浅海相宝音图群、新元古界艾力格庙群、广泛的二叠系大石寨组和林西组火山-沉积地层为特征。

1. 中元古界宝音图群

宝音图群主要分布于狼山西段以北地区,呈北东-南西向条带状展布,其次分布在锡林浩特一带(李瑞杰,2013),在赤峰以北地区也见零星分布,出露厚度大于7664m(内蒙古自治区地质矿产局,1991)。宝音图群为一套由云母片岩、云母石英片岩和石英岩等组成的中、低级变质程度地层(邹滔,2012;辛江,2013)。原岩主要为砂、泥质岩石,包含碳质、钙质和基性火山物质组分,指示该地层为一套正常的以陆源碎屑-砂泥质沉积物为主的滨—浅海相沉积建造(徐毅,2005;辛江,2013)。孙立新等(2013a)获得宝音图群花岗片麻岩锆石 SHRIMP 年龄为1516Ma和1390Ma,认为宝音图群代表了锡林浩特地块有前寒武纪变质基底岩石。

2. 新元古界艾力格庙群

艾力格庙群主要分布于二连浩特市西南约100km四子王旗艾力格庙地区,呈东西向或南西向展布,总厚度约2362m,无完整剖面,顶底出露不全,未见化石。该群可分为两个岩组:下部为变质流纹岩、糜棱岩化凝灰岩、大理岩互层;上部主要为大理岩和结晶灰岩,夹云母板岩、绢云石英片岩和变砂岩(内蒙古自治区地质矿产局,1991;辛江,2013)。艾力格庙群碎屑锆石中含 1718~1519Ma 的碎屑锆石(姚广,2016),说明艾力格庙群并非由华北克拉通或西伯利亚克拉通裂解产生,而更可能来自散布于古亚洲洋中的微陆块。

3. 石炭系

下石炭统主要分布在苏尼特右旗赛乌苏至苏尼特左旗阿拉塔特,在四子王旗包尔好来和阿巴嘎旗沟呼都格也有零星分布,从下至上包括沟呼都格、乌兰呼都格和敖木根3个组,各组之间呈整合接触关系(内蒙古自治区地质矿产局,1991)。主要为一套中细粒长英质砂岩、粉砂岩、钙质灰岩夹安山质岩屑晶屑凝灰岩及角砾凝灰岩,含腕足类 *Fusellaussiensis*、*F. kondomensis*、*Sprirfer tornacensis* 及珊瑚 *Lithostrotion irregulare*、*Dibunophyllum* sp.、*Sugiyamaella sinensis* 化石,地层总厚度大于1600m(内蒙古自治区地质矿产局,1991)。

上石炭统本巴图组在本区主要分布于阿鲁科尔沁旗白音布统、西乌珠穆沁旗巴彦胡舒石灰窑以及苏尼特右旗赛乌苏一带。主要岩性为粉砂质灰岩、碎屑灰岩、结晶灰岩以及安山质凝灰岩(内蒙古自治区地质矿产局,1991),含有珊瑚 *Multithecopora* sp.、*Caninaia* sp.,䗴类 *Pseudostaffella* sp.、*Profudulinella* sp.,腕足类 *Choristites* sp. 等化石。

上石炭统阿木山组在本区主要分布于苏尼特右旗本巴图和干觉岭、阿鲁科尔沁旗安定屯和好力宝一带。主要岩性为长英质粉砂岩、细砂岩夹灰岩夹灰岩,含丰富的滨—浅海相动植物化石,包括䗴类 *Tirticites*、*Qusifusulina* sp.,珊瑚 *Pseudobradyphyllum* sp.,腕足类 *Agratiodontalis*、*Phricodothyris asiatica*、*Enteletes nucleola* 等化石(内蒙古自治区地质矿产局,1991)。

4. 二叠系大石寨组和林西组

下二叠统大石寨组在本区出露广泛,大致呈北东向分布在克什克腾旗一带,为一套浅海相喷发的中酸性熔岩及凝灰岩,局部夹正常沉积碎屑岩(马莹,2011;张健,2012;邹滔,2012)。主要岩性包括玄武岩、玄武安山岩、安山岩、流纹岩以及凝灰质角砾岩、细砂岩和板岩。大石寨组火山岩属亚碱性系列,具有钙碱性系列的演化趋势,富集大离子亲石元素(LILE)、轻稀土元素(LREE),亏损Nb、Ta、Ti等高场强元素(HFSE),火山岩具有安第斯型弧火山岩的地球化学特征,指示其形成于活动大陆边缘弧环境(赵芝,2008;孟恩,2008;张健,2012;邹滔,2012)。大石寨组火山岩锆石 LA-ICP MS U-Pb 年龄介于 298~276Ma 之间(张健,2012)。

上二叠统林西组主要分布在大兴安岭南端西拉木伦河以北的克什克腾旗、林西、海苏坝和碧流台等地(马莹,2011)。林西组岩性比较单一,主要由一套黑色板岩、粉砂岩、砂岩组成,含植物和淡水双壳类化石,出露厚度为2699m。林西组灰岩透镜体微量元素及碳、氧同位素组成分析结果显示,水体可能有正常海水、河水或大气降水和热液3个来源,其沉积环境可能为海相近岸带,晚二叠世内蒙古至吉林一带仍存在狭长海盆(翟大兴等,2015)。

1.2.4 兴安地块

兴安地块位于得尔布干断裂与二连-贺根山-黑河断裂之间,向南延伸至内蒙古中部,向北则延伸至俄罗斯境内与岗仁地块相连。兴安地块出露的最老地层为兴华渡口群,以发育泥盆纪滨浅海相碎屑沉积和石炭纪火山碎屑沉积地层为特征。

1. 古元古界兴华渡口群

兴华渡口群为该地块最老的地层,主要分布于鄂伦春自治旗松岭和加格达奇等地,以松岭地区发育最好,总厚度达7200m,其上与震旦系关系不明,其下出露不全。该群分为4个岩组,岩组之间岩性、岩相特征清晰,为连续沉积的一套地层。最下部杏花村组主要岩性为斜长片麻岩、变粒岩、斜长角闪岩和混合岩等;其上兴安桥组岩性主要为二云斜长片岩、黑云浅粒岩、黑云斜长变粒岩、大理岩等；三十五公里组主要岩性为均质、斑状及条痕状混合岩；最上部小古里河组主要为角闪斜长变粒岩、黑云母斜长变粒岩、绿泥斜长变粒岩和各类片岩。以上 4 个岩组中的混合岩均为后期侵入岩的边缘混合作用的产物。孙立新等(2013b)获得兴华渡口群 2 件花岗片麻岩样品的年龄分别为(1837±5)Ma 和(1741±30)Ma。

2. 中、下奥陶统乌宾敖包组和多宝山组

乌宾敖包组主要分布于苏尼特左旗乌宾敖包至乌日尼图、白音宝力格以北和阿巴嘎旗至东乌珠穆沁旗阿拉坦合力一带。岩性以砂质—粉砂质板岩为主，夹细粒长石石英砂岩、灰岩及凝灰岩透镜体。本组生物化石丰富，在哈达音布一带见三叶虫 *Peraspis neimongolensis*、*Cybeleurus* 等化石；在苏尼特左旗白音宝力格一带含笔石 *Jiangxigraptus mui*、*J. wuningensis*、*Dicellograptus exilis* 等化石；在阿巴嘎旗一带含腕足类 *Howellites* sp.、*Orthis* sp.，珊瑚 *Palaeophyllum* sp. 等化石；在东乌珠穆沁旗汗贝布敦召一带，含头足类、三叶虫、腕足类、苔藓虫等化石；在准查干乌拉一带，含腕足类、海绵、苔藓虫等化石(内蒙古自治区地质局，1991)。

多宝山组原为中奥陶统汉乌拉组(内蒙古自治区地质局，1991)。1996 年内蒙古自治区地质矿产局将其归入多宝山组，认为其是多宝山组的西延部分(内蒙古自治区地质矿产局，1996；张万益，2008)。该组主要分布于苏尼特左旗乌日尼图、东乌珠穆沁旗罕乌拉、额仁戈毕、罕达盖、喜桂图旗乌奴耳和布特哈旗一带。岩性以安山岩和凝灰岩为主，其次为变凝灰质粉砂岩、安山质凝灰熔岩、灰岩等，含腕足类 *Orthanibonites* cf. *transversa*、*Dolerorthis* sp.、*Plectorthis* sp. 和 *Phychotrema* sp.，三叶虫 *Isalanxina* sp.，珊瑚 *Praratetradium* sp. 等化石(内蒙古自治区地质局，1991)。

3. 志留系卧都河组

卧都河组又名巴润德勒组，主要分布在巴润德勒、乌布尔贝特敖包、苏呼河北岸及地营子、伊诺盖沟等地(内蒙古自治区地质局，1991)，下界线与多宝山组呈断层接触。该组地层为一套以陆源碎屑占优势的浅近海岸沉积，包括上、下两个岩性段：下段为变质砂岩、粉砂岩和石英砂岩等，含大量腕足类化石 *Stegerhynchella angaciensis*、*Leptostrophia*、*Eospirifer* 等；上段为板岩与变质砂岩不等厚互层，含少量保存较差的腕足类化石(李文国和李虹，1999)。

4. 泥盆系泥鳅河组和安格尔音乌拉组

本区泥鳅河组由全国地层多重划分对比研究项目组做内蒙古岩石地层清理时将原北矿组、乌奴耳组、敖包亭浑迪组、温多尔敖包特组和塔尔巴格特组等合并而成(内蒙古自治区地质矿产局，1991；李文国等，1996)。该组地层在本区分布面积较广，西起乌奴耳地区，向东经苏尼特左旗至东乌珠穆沁旗以东地区均有分布，主要岩性为长石石英砂岩、粉砂岩、泥质粉砂岩、凝灰质粉砂岩夹生物碎屑岩以及珊瑚礁灰岩透镜体(张海华等，2014)。该组地层化石丰富，以底栖的腕足类和珊瑚等居多，腕足类化石主要有 *Fallaxispirifer*、*Parasprifer*、*Tridensilis*、*Fimbrissprifer* 等，珊瑚类化石主要有 *Cyuthophyllum*、*Acanthophyllum*、*Zonothophyllum* 等(内蒙古自治区地质局，1991)。张海华等(2014)进行了泥鳅河组岩石组合特征和碎屑岩样品地球化学的分析，认为泥鳅河组岩性成熟度相对较低，沉积环境为滨浅海，沉积体系可进一步划分为扇三角洲及滨浅海相。

安格尔音乌拉组主要分布于东乌珠穆沁旗安格尔音乌拉、奥由特、温都格尔一带,岩性主要为板岩、泥质粉砂岩等,局部夹灰岩透镜体,区域上被上石炭统宝力高庙组不整合覆盖。本组化石较少,在粉砂岩中发现 *Ancyrospora* 等植物化石;在布格图北和本区东北部发现 *Lepidodendropsis*、*Cyclostigmatoides*、*Moresnetia zaleskyi*、*Protocephalopteris* 等植物化石的滨海相沉积,可能为海退情况下的产物(内蒙古自治区地质矿产局,1991)。

5. 石炭系宝力高庙组

本区的宝力高庙组主要分布于苏尼特左旗白音宝力格、阿巴嘎旗白音图嘎、东乌珠穆沁旗宝力高庙和科尔沁右翼前旗一带,呈北东向展布。该组为一套火山沉积地层,主要岩性为安山岩夹安山质玄武岩、凝灰质砂岩、安山质岩屑晶屑凝灰岩及角山英安岩等,不整合上覆于泥盆系安格尔音乌拉组、泥鳅河组以及更老的地层之上,总厚度达 1384m(张万益,2008)。宝力高庙组属高钾钙碱性火山岩系列,稀土元素显示出岛弧或活动大陆边缘火山弧的特征(付冬等,2014)。在宝力高庙至东乌珠穆沁旗西山一带含有大量的熔岩和火山角砾岩堆积,而正常碎屑岩较少,区域上沿东西两侧碎屑岩逐渐增多,因此东乌珠穆沁旗至宝力高庙一带为当时区域上的一个火山喷发中心。宝力高庙组因含特殊的安格拉型植物化石而引人瞩目(李文国和李虹,1999)。

6. 二叠系格根敖包组和林西组

下二叠统格根敖包组主要分布于东乌珠穆沁旗盐池北山和西乌珠穆沁旗北部地区。主要由火山岩组成,下部为熔岩,向上过渡为含火山物质的碎屑岩,为一套浅海、滨海相的火山岩、火山碎屑岩、正常沉积岩组合(内蒙古自治区地质矿产局,1991)。主要岩性有安山质熔岩、英安质火山碎屑岩和凝灰质碎屑岩,局部夹有生物灰岩透镜体。化石以腕足类为主,并含有植物化石。

上二叠统林西组主要分布于苏尼特左旗包尔敖包、阿巴嘎旗宝格达乌拉一带(辛江,2013)。主要岩性为砂砾岩、凝灰质粉砂岩、长石砂岩,一些地方发育板岩和火山岩等(含腕足类化石 *Spiriferella salteri*、*Neospirifer moosakhailensis* 等)(内蒙古自治区地质矿产局,1991)。

7. 三叠系哈达陶勒盖组

三叠系哈达陶勒盖组为一套早三叠世陆相中性、中酸性火山岩地层,不整合于上泥盆统安格尔音乌拉组之上,其上被上侏罗统火山岩覆盖。主要岩性为安山岩、安山-流纹质凝灰岩、安山质角砾岩、安山玢岩、岩屑晶屑凝灰岩等,含叶肢介化石(内蒙古自治区地质矿产局,1976)。

8. 侏罗系

中上侏罗统阿拉坦合力群,前人称为玛尼特庙群,1975年,内蒙古自治区地质矿产局第一区调队选用本群地层层序较全的东乌珠穆沁旗阿拉坦合力煤矿为建群剖面,并将其改为阿拉坦合力群。本群以含煤沉积地层为主,夹凝灰岩及凝灰质砂岩,含丰富植物化石,主要有 *Equisetites lateralis*、*Neocalamites horensis*、*Coniopteris hymenophylloidea* 等(内蒙古自治区地质矿产局,1991)。本群不整合覆盖于侏罗纪地层之上,并被上侏罗统火山-沉积地层所覆盖。

本区上侏罗统出露广泛,主要包括查干诺尔组、满克头鄂博组、玛尼吐组、白音高老组、上库力组、道特诺尔组以及布拉根哈达组(辛江,2013)。上侏罗统均为火山-沉积地层:查干诺尔组以流纹质、安山质火山碎屑岩及熔岩为主;满克头鄂博组为一套流纹质熔岩、熔结凝灰岩及火山碎屑岩(张健,2012);玛尼吐组为火山碎屑岩夹沉积岩、安山质熔岩及火山碎屑岩;白音高老组为凝灰砾岩、凝灰砂砾岩、粉砂岩、页岩,夹沉凝灰岩,含丰富化石(张健,2012;辛江,2013);上库力组为流纹质火山碎屑岩、碱性流纹质英安岩、碱性粗面质熔岩,夹凝灰岩、火山角砾岩及火山玻璃,道特诺尔组为一套玄武-安山质火山熔岩夹火山碎屑岩;布拉根哈达组由流纹岩及流纹斑岩、松脂岩夹火山碎屑岩组成(内蒙古自治区地质矿产局,1991)。

1.3 岩浆作用

大兴安岭南段地区岩浆活动频繁而强烈,贯穿整个演化历史,受构造运动控制明显(图1.1)。在时间上,区内岩浆岩具有多旋回特征,各旋回岩浆活动强度与构造运动强度一致:元古宙、晚古生代和中生代侏罗纪,构造运动频繁而剧烈,相应旋回的岩浆岩发育;早古生代和早中生代构造活动相对较弱,相应的早古生代和三叠纪旋回的岩浆活动较弱(图1.3;内蒙古自治区地质矿产局,1991)。在空间分布上,岩浆活动有与构造运动明显一致的分带性:太古宙至古元古代岩浆岩主要沿康保-赤峰断裂北侧华北克拉通北缘裂谷带呈东西向带状分布;加里东旋回岩浆岩分布于温都尔庙-翁牛特旗白乃庙早古生代弧增生杂岩带;晚古生代岩浆岩主要分布于二连-贺根山-黑河断裂两侧的锡林浩特晚古生代弧增生杂岩带和兴安地块南缘东乌珠穆沁旗一带;燕山期和喜马拉雅期岩浆岩沿嫩江断裂带西侧呈北东向分布。现将主要岩浆旋回介绍如下。

1.3.1 太古宙

太古宙岩浆活动分布于华北克拉通北缘裂谷带,包括早、晚两期,古太古代晚期为混合花岗岩和基性辉长岩类,新太古代为混合花岗岩、石英闪长岩和二长花岗岩(内蒙古自治区地质矿产局,1991)。

古太古代晚期混合花岗岩主要分布于和林格尔县—察哈尔右翼前旗一带(龚瑞君,2010),出露面积约2000 km^2,是区内花岗岩化作用最强烈的时期,岩体分布方向与延伸方向一致,为南西西-北北东向,与太古宙构造线方向基本一致。岩石类型比较单一,在和林格尔县—察哈尔右翼前旗一带,为变斑状榴石钾长混合岩、变斑状榴石斜长混合花岗岩、变斑状黑云混合花岗岩、变斑状榴石二长混合花岗岩和变斑状紫苏榴石混合花岗岩。岩石中含大量围岩残留体,岩体和残留体产状与围岩构造协调且与围岩界线不清晰,呈过渡关系。该类岩石里特曼指数属于陆壳改造型,混合花岗岩由泥沙质沉积物经过混合岩化、花岗岩化,形成的重熔岩浆在原地或半原地固结成岩。古太古代辉长岩仅零星出露于兴和县以南和丰镇县西北。岩石变质程度较深,主要现存岩石为紫苏麻粒岩和二辉麻粒岩,原岩主要为中粗粒—中细粒二辉辉长岩、细粒紫苏辉长岩。

新太古代混合花岗岩主要分布在包头以北、以东地区,在乌海市桌子山北端和阿拉善左旗也有出露,总出露面积约120 km^2,呈带状产出,沿区域构造方向呈近东西向分布。岩体与

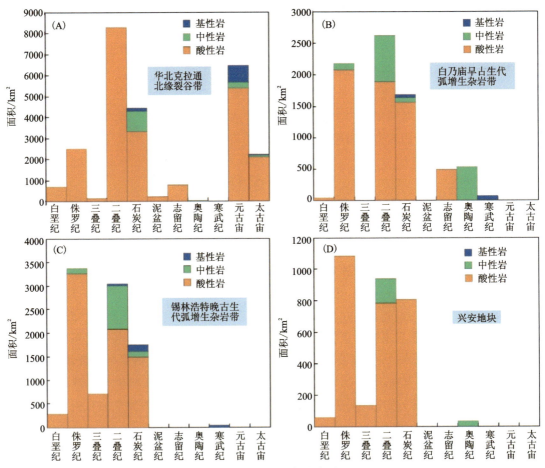

图 1.3　大兴安岭南段各构造单元岩浆岩面积频率分布图(据内蒙古自治区地质矿产局,1991)

围岩界线不清,为连续渐变关系。新太古代石英闪长岩,仅见于渣尔泰山南麓乌拉特前旗大佘太东北、书记沟至窝尔兔沟一带,总体近东西展布与区域构造线一致,总出露面积约 82km²,呈大小不等的岩株产出。其中,以窝尔兔沟岩体最大,出露面积 70km²,岩体侵入乌拉山群,被渣尔泰山群不整合覆盖,同时被 U-Pb 年龄为 2370Ma 的二长花岗岩侵入,说明该岩体形成于太古宙晚期。新太古代二长花岗岩分布局限,仅见于乌拉特前旗大佘太东北、阿古鲁沟至书记沟一带,其中,书记沟岩体最大,出露面积约 10km²。书记沟岩体呈东西向延伸,西段和南侧侵入乌拉山群和新太古代石英闪长岩,东端和北侧被渣尔泰山群不整合覆盖,属于太古宙末期乌拉山运动的产物。

1.3.2　元古宙

元古宙岩浆岩主要分布于华北克拉通北缘裂谷带,呈东西向展布,与构造线方向一致,在大兴安岭南段其他构造单元中仅零星出露。主要可划分为古元古代(2500～1600Ma)、中元古代早期(1400Ma)以及中元古代晚期(1000Ma)两期三次岩浆侵入活动(内蒙古自治区地质矿产局,1991)。

古元古代岩浆岩主要包括混合花岗岩及正长岩。混合花岗岩主要分布于阿拉善左旗东北部,岩体呈规模不大的岩基或岩株产出,总面积约200km^2,岩体与古元古界呈渐变过渡关系,被中元古代晚期辉长岩侵入,时代归属为古元古代,岩体属于陆壳改造型混合花岗岩。古元古代侵入岩主要分布于色尔腾山和大青山山区,呈近东西向展布,主要岩石类型为闪长岩类和花岗岩类,总面积约450km^2。辉长岩仅见于阿拉善左旗以北的部分区域,岩体为小型岩株,长轴北东向,出露面积1km^2,岩石地球化学特征显示为富碱性镁质辉长岩。闪长岩类主要分布于固阳县以东、包白铁路东西两侧的大怒气沟、门斗沟以及呼和浩特市以北四道背梁一带,岩体规模一般较小,均呈岩株或岩枝产出,总面积约220km^2。本期闪长岩与围岩界线清晰,围岩蚀变明显,岩体岩石类型均一,不具有分带现象,岩石中斜长石具不发育的环带构造,岩石成因属过渡性地壳同熔型。古元古代花岗岩仅见于色尔腾山大怒气沟两侧和大青山中段,总体展布仅东西向,与区域构造线走向基本一致,多呈岩株或岩枝产出,出露面积约230km^2。该期的花岗岩类岩体与围岩界线清楚,岩石中钾长石为微斜长石,副矿物类型属磁铁矿-锆石-磷灰石型,高碱低铝,属陆壳改造岩浆型花岗岩。另外,古元古代侵入岩除上述辉长岩、闪长岩和花岗岩类外,还发育伟晶岩脉,同位素年龄在1950~1800Ma之间,其中含有具有工业价值的白云母矿。古元古代侵入岩从辉长岩、闪长岩、花岗岩至伟晶岩形成时间依次变晚。

中元古代早期岩浆侵入活动强烈,主要为酸性岩浆侵入。岩体规模大小不等,有大型岩基,也有小型岩株,出露面积约4100km^2。呈近东西向延伸,与构造走向基本一致。主要岩性有斜长花岗岩、花岗闪长岩和花岗岩。岩体普遍具片麻状构造。该期花岗岩与围岩侵入界线清晰,岩体内部具分带现象,副矿物属于磁铁矿-锆石-磷灰石型,地球化学特征指示岩体属过渡性地壳同熔型花岗岩。

中元古代晚期侵入主要有超基性—中性岩类和花岗岩类。中元古代晚期超基性—中性岩较发育,主要岩性有辉石岩、辉长岩、橄榄岩、闪长岩等,多呈小型岩株产出,总面积达850km^2。本期超基性岩、辉长岩和闪长岩类矿化明显,如青井子岩体具铜、镍和铬铁矿化,温圪气超基性岩含磷灰石、蛭石和磁铁矿,白彦布拉沟基性岩体和哈台山闪长岩体具铜矿化。中元古代晚期花岗岩类主要分布在四子王旗至乌兰哈达一带,总面积达3500km^2。岩体为近东西走向,与构造线方向一致。主要岩性为花岗岩,个别岩体见花岗闪长岩和钾长花岗岩。该期花岗岩类一般呈岩基产出,围岩蚀变明显,岩体具有分异作用,地球化学特征指示岩体属于陆壳改造岩浆型成因。

1.3.3 早古生代

早古生代岩浆侵入活动可分为早、中、晚3期。早期寒武纪主要为超基性—基性侵入岩,主要分布于白乃庙早古生代弧增生杂岩带,在华北克拉通北缘裂谷带也有出露,总出露面积100km^2。岩石类型均为基性、超基性岩,常相伴产出,呈岩脉、岩株或岩床产出。中期奥陶纪中性侵入岩,散布于大兴安岭南段各构造单元,出露面积约610km^2,岩体呈岩株或小型岩基产出,主要岩性为石英闪长岩或闪长岩。Zhang和Tang(1989)获得白乃庙地区中奥陶世花岗闪长斑岩锆石U-Pb年龄为446Ma,该岩体形成于古亚洲洋向南俯冲的弧岩浆作用(Tang and Yan,1993;Xiao et al.,2003)。晚期志留纪侵入岩主要为花岗岩类,主要分布于白乃庙早古生代弧增生杂岩带和锡林浩特晚古生代弧增生杂岩带,以及华北克拉通北缘裂谷带中,在两个杂岩带中侵入岩多以岩株产出,岩石类型为斜长花岗岩和花岗闪长岩;在华北克拉通北缘裂谷带中侵入岩多以岩基产出,主要为花岗岩或二长花岗岩。早古生代岩浆岩总出露面积近2000km²。

1.3.4 晚古生代

晚古生代岩浆活动频繁而剧烈,所形成的基性—酸性侵入岩广泛分布于大兴安岭南段各构造单元(孙珍军等,2013)。依据岩体与地层以及岩体与岩体之间的相互穿插关系和同位素年龄,晚古生代岩浆活动可进一步划分为早、中、晚3期。

早期晚泥盆世侵入岩主要分布于锡林浩特晚古生代弧增生杂岩带和华北克拉通北缘裂谷带,两个构造单元岩性不同。锡林浩特晚古生代弧增生杂岩带侵入岩主要分布于贺根山地区,为超基性—基性岩,主要岩性有辉长岩、闪长岩,侵入面积约44km²;华北克拉通北缘裂谷带侵入岩为花岗岩类,分布于阿拉善左旗,呈岩基产出,出露面积达230km²。

中期石炭纪是大兴安岭地区岩浆活动强烈的时期之一,所形成的超基性—酸性侵入岩广泛分布于各个构造单元。基性—超基性岩主要分布在白乃庙早古生代弧增生杂岩带,出露面积达600km²,以索伦山超基性岩(145km²)和阿拉善右旗东部宝格其基性岩(150km²)为最大。闪长岩类侵入岩主要分布在白乃庙早古生代弧增生杂岩带和锡林浩特晚古生代弧增生杂岩带,主要岩性为石英闪长岩,岩体一般呈岩基或岩株状产出,出露面积2353km²。花岗岩类分布广泛,在华北克拉通北缘裂谷带以花岗闪长岩为主,在其他构造单元以花岗闪长岩和花岗岩为主,总出露面积达42 000km²。本期侵入岩多形成于晚石炭世末期。

晚期二叠纪岩浆活动剧烈,所形成的侵入岩十分发育,以中酸性为主,常呈巨大的岩基广泛分布于各个构造单元。出露面积达58 000km²。王挽琼(2014)获得四子王旗土牧尔台一带黑云母二长花岗岩和黑云母闪长花岗岩年龄分别为(272.8±1.3)Ma和(271.4±1.3)Ma;郝百武(2011)获得镶黄旗地区钾长花岗岩和二长花岗岩年龄分别为(263.2±2.2)Ma和(266±2.0)Ma。元素地球化学特征显示这些岩浆岩多为陆缘弧环境下的产物(Xiao et al.,2003)。

1.3.5 中生代—新生代

中生代—新生代侏罗纪岩浆活动最为剧烈,侏罗纪早期岩浆作用以侵入活动为主,晚侏罗世伴有强烈的岩浆喷发,该期岩浆作用也是本区地质历史发展时期的一次高峰,强度仅次于晚古生代岩浆作用。岩体主要呈北东向沿嫩江断裂西北侧展布,出露面积达18 000km²。岩性以中酸性岩浆岩为主,还有钾长花岗岩、花岗岩、花岗斑岩、花岗闪长岩、石英正长斑岩等(孙珍军等,2013)。

第 2 章　毕力赫金矿及成矿岩体

2.1　矿床地质

2.1.1　地层

毕力赫金矿位于中亚造山带中东段大兴安岭南段白乃庙早古生代弧岩浆岩带,地理位置位于内蒙古苏尼特右旗境内,北西距苏尼特右旗政府所在地赛汗塔拉90km,南距镶黄旗政府所在地新宝力格镇35km(图2.1),地理坐标范围:东经113°31′30″—113°31′30″,北纬42°22′45″—42°25′00″。

毕力赫金矿及其邻区地层出露较全(图2.1;内蒙古自治区地质矿产局,1991),包括中元古界白云鄂博群、白音都西群、白乃庙群,古生界温都尔庙群(唐明国等,2014)、包尔汉图群、徐尼乌苏组、西别河组、阿木山组、三面井组、额里图组,以及侏罗系玛尼吐组和白音高老组。其中,中、下二叠统额里图组是毕力赫金矿的容矿围岩(图2.2)。各地层介绍如下。

(1)中元古界白云鄂博群:主要分布在徐尼乌苏组断裂以南,是华北克拉通北缘主要的前寒武纪盖层之一,为一套低绿片相变质火山及陆源沉积岩系,主要由变质砂砾岩、长石石英砂岩、板岩、结晶灰岩组成(肖荣阁等,2000;费红彩等,2012),形成于大陆边缘裂谷环境(翟明国和彭澎,2007)。

(2)中元古界白音都西群:仅出露于白乃庙东北部白音都西一带,为一套中酸性—中基性中高级变质岩系,主要岩性为黑云母变粒岩和矽线石黑云母片岩(张臣,1999)。

(3)中元古界白乃庙群:仅出露于白乃庙一带,为一套中酸性—中基性绿片岩相变火山岩建造,主要岩性为绿片岩、石英片岩(钟日晨和李文博,2009;Li et al.,2015)。

(4)古生界温都尔庙群:包括两个岩性段,下部为含铁石英岩、变质火山岩与绢云母石英片岩,上部由各类绢云石英片岩、石英岩组成。

(5)奥陶系包尔汉图群:包括布龙山组和哈拉组,布龙山组以硅质板岩为主(辛江,2013),哈拉组主要为中酸性、中性熔岩及凝灰岩(师春和师雅洁,2012)。

(6)中志留统徐尼乌苏组:为一套类复理石建造(聂凤军等,1995),主要岩性为浅变质浊积岩,变质程度为千枚岩相,岩性包括变砂岩、板岩、千枚岩、安山质火山岩(钟日晨和李文博,2009),不整合覆盖于白乃庙群地层之上。

(7)上志留统西别河组:为一套滨浅海相磨拉石沉积建造,主要岩性包括粗粒长石砂岩、长石石英砂岩、云母质细砂岩等,不整合覆盖于徐尼乌苏组之上(张永清等,2004;张允平等,2010)。

(8)上石炭统阿木山组:为一套海相碳酸盐岩,岩性包括生物灰岩、白云质灰岩、角砾灰岩、砂质灰岩、结晶灰岩或大理岩等,与下伏温都尔庙群和徐尼乌苏组呈不整合接触。

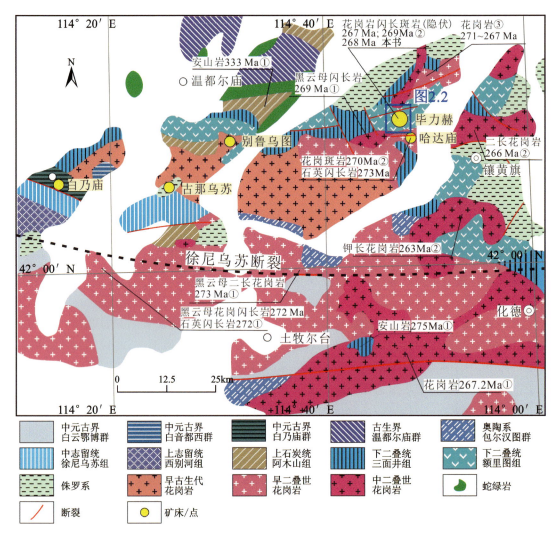

图 2.1 毕力赫金矿及其邻区区域地质图(据内蒙古自治区地质矿产局,1991,有修改)

注:①表示数据来源于王挽琼(2014);②表示数据来源于郝百武(2011);③表示数据来源于刘军等(2014)。

(9)下二叠统三面井组和额里图组,三面井组以一套海相碎屑岩为主,岩性主要为硬砂质、凝灰质砂岩夹灰岩,额里图组为一套中酸性火山岩及火山碎屑岩,不整合覆盖于三面井组之上。额里图组为毕力赫金矿的容矿地层(唐明国等,2014),可分为上、下两个岩性段。下部为中基性火山岩及火山碎屑岩,是毕力赫矿区Ⅰ、Ⅱ矿带的主要容矿围岩,主要岩性为安山岩类,包括玄武安山岩、安山质火山角砾岩、安山质凝灰岩、沉凝灰岩和凝灰质粉砂岩等(卿敏等,2012;唐明国等,2014);上部中酸性火山岩及火山碎屑岩,主要岩性为英安岩、流纹岩、熔结凝灰岩等(卿敏等,2012;唐明国等,2014)。王挽琼(2014)获得的额里图组流纹岩锆石 U-Pb 年龄为(275.28±0.96)Ma。

(10)上侏罗统玛尼吐组和白音高老组：为两套火山沉积岩系，主要岩性为安山岩及火山碎屑岩(卿敏等，2012)。

2.1.2 构造

矿区断裂构造发育，呈北东向、北西-北北西向以及东西向3组[图2.2、图2.3(A)]。断裂交会部位控制了火山活动中心(卿敏等，2010，2011a)，成矿岩体及其相关的斑岩型、蚀变岩型金矿化体沿断裂交会部位分布[图2.3(A)；卿敏等，2010，2011a]。矿区填图以及遥感影像显示矿区为一个保存较差的破火山口，火山口形态为长轴略向北东的椭圆状，直径为3~4km[图2.3(B)；卿敏等，2010，2011a]。火山构造对矿体分布控制明显，附近分布多个次级火山活动中心，出现比较强烈的硅化、绢云母化等蚀变[图2.3(B)；卿敏等，2010，2011a；唐明国等，2014]。

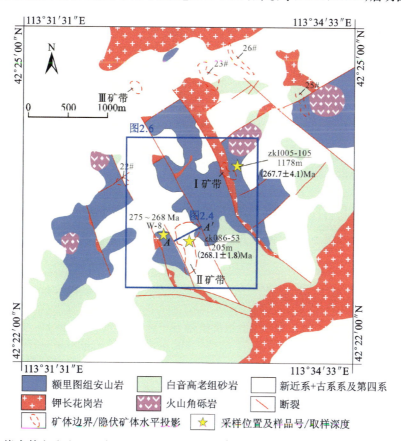

图2.2 毕力赫金矿矿区地质图及Ⅱ矿带断面 A—A′位置和采样位置点(据卿敏等，2012，有修改)

2.1.3 岩浆岩

毕力赫金矿及其邻区出露的岩浆岩以古生代中酸性岩为主，分布广泛(图2.1)。早古生代花岗岩主要分布于白乃庙以东至别鲁乌图以南一带，Zhang和Tang(1989)获得白乃庙地区早古生代花岗闪长岩锆石U-Pb年龄为446Ma，证明其形成于古亚洲洋向南俯冲的弧岩浆作用(Tang and Yan，1993；Xiao et al.，2003)。晚古生代花岗岩主要形成于二叠纪，早二叠世

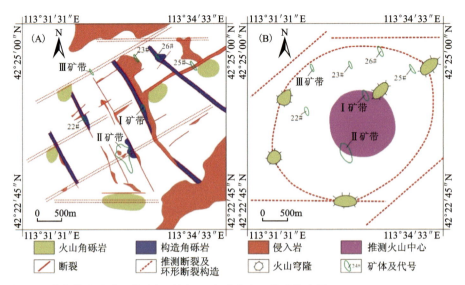

图 2.3 毕力赫金矿矿区构造纲要图(A)和破火山口构造轮廓图(B)(据卿敏等,2012,有修改)

花岗岩分布于区域南部,王挽琼(2014)获得四子王旗—土牧尔台一带黑云母二长花岗岩和黑云母闪长花岗岩的年龄分别为(272.8±1.3)Ma、(271.4±1.3)Ma;中晚二叠世花岗岩分布于区域东部的镶黄旗一带,郝百武(2011)获得镶黄旗地区钾长花岗岩和二长花岗岩年龄分别为(263.2±2.2)Ma 和(266±2.0)Ma(图 2.1)。

矿区内的侵入岩主要有大面积出露地表的钾长花岗岩和被第三系(新近系+古近系)及第四系覆盖的花岗闪长岩(图 2.2)。花岗闪长岩主要呈隐伏状态分布于Ⅰ矿带和Ⅱ矿带深部,与金矿化关系密切(图 2.2)。钾长花岗岩形成于成矿花岗闪长岩之后,主要分布于矿区东南部及北部。

2.1.4 矿体及矿石特征

矿区共发现 7 条矿带(脉),即Ⅰ、Ⅱ和Ⅲ矿带,22 号、23 号、25 号和 26 号脉(图 2.3)。目前探明总储量达 26.6t,平均品位 2.78×10^{-6},主要集中于Ⅰ、Ⅱ两个矿带。Ⅰ矿带矿体金资源量 3.2t,平均品位 5.21×10^{-6},已采空;Ⅱ矿带矿体金资源量 21.9t,平均品位 2.73×10^{-6}。Ⅰ、Ⅱ两个矿带可能形成于同一成矿岩体,Ⅱ矿带为深部的斑岩系统,Ⅰ矿带为向浅部延伸的浅成低温热液系统(卿敏等,2011a)。

Ⅱ矿带矿体占整个矿床资源储量的 82%,矿体呈脉状、透镜状、似层状,产于成矿岩体花岗闪长岩钾化蚀变带及其内外接触带硅化蚀变带中(图 2.4)。

矿石呈脉状结构[图 2.5(A)]和单向固结(UST)结构[图 2.5(B)],石英为主要的载金矿物,金主要呈串珠状包裹于石英中[图 2.5(C)、图 2.5(D)],有时也见稍大的单颗不规则金[图 2.5(D)]和水滴状金[图 2.5(E)]以及被黄铜矿包裹的金[图 2.5(F)]。金属硫化物主要有黄铜矿、黄铁矿、闪锌矿和毒砂等[图 2.5(D)、图 2.5(F)]。矿石具有相对富金、贫铜、贫硫化物的特征,金属矿物含量多小于 2%(卿敏等,2011b)。

第 2 章　毕力赫金矿及成矿岩体

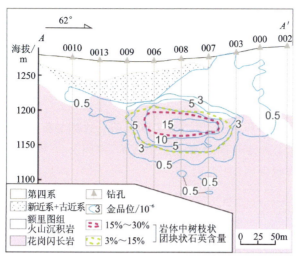

图 2.4　毕力赫Ⅱ矿带北东-南西向中剖面图及金矿化与石英闪长岩的关系（据 Yang et al.,2015,有修改）

(A)网脉状矿石；(B)单向固结结构(UST)矿石；(C)石英中呈串珠状分布的显微金颗粒(反射光)；(D)石英中的串珠状金、单颗他形金以及金属硫化物(反射光)；(E)石英中的水滴状金和黄铜矿(反射光)；(F)石英中的金属硫化物和被黄铜矿包裹的他形金(反射光)。Au-金；Cpy-黄铜矿；Py-黄铁矿；Apy-毒砂；Sp-闪锌矿；Q-石英

图 2.5　毕力赫金矿矿石手标本及显微照片

2.2 成矿岩体特征

2.2.1 岩体地质及岩相学特征

成矿岩体岩性为花岗闪长斑岩,根据Ⅰ矿带坑道工程和Ⅱ矿带露天采坑与钻孔揭露,该成矿岩体主要呈隐伏状分布于Ⅰ矿带和Ⅱ矿带深部,空间上呈北西向舌状分布,与其上覆的额里图组地层呈侵入接触关系(图2.6)。

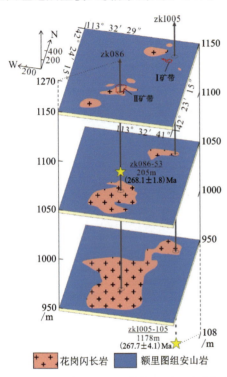

图2.6 毕力赫金矿Ⅱ矿带断面图及采样深度
注:数据来源于北京金有地质勘查有限责任公司。

成矿岩体花岗闪长岩浅部由于发生钾化、绢云母化蚀变而呈肉红色[图2.7(A)],深部新鲜岩体呈青灰色[图2.7(D)],见暗色微细粒包体[图2.7(G)]。岩体浅部具有斑状—似斑状结构[图2.7(B)、图2.7(C)]向深部过渡为花岗结构[图2.7(E)]。浅部的斑状—似斑状花岗闪长岩斑晶主要有斜长石(15%~20%)、钾长石(15%~20%)、石英(10%~15%)、辉石(3%~5%)、角闪石(2%~3%)、黑云母(2%~4%),以及少量磷灰石、锆石和榍石等副矿物。角闪石斑晶呈浅绿色—黄绿色[图2.7(B)],自形—半自形短柱状,粒度1~5mm;辉石斑晶呈浅绿色—灰绿色,肉眼可见[图2.7(A)],自形—半自形短柱状,粒度2~10mm[图2.7(C)];斜长石斑晶呈灰白色肉眼可见[图2.7(A)],自形—半自形板状,常见聚片双晶,有时见卡氏双晶和格子双晶,粒度0.4~10mm[图2.7(B)、图2.7(C)];钾长石斑晶呈半自形—他形,表面多蚀变土化,粒度0.4~8mm[图2.7(B)、图2.7(C)];石英斑晶呈他形浑圆颗粒状,粒度0.3~4mm[图2.7(B)]。基质为微晶—隐晶质,成分主要为石英、钾长石、斜长石和少量黑云母等。

深部花岗闪长岩[图2.7(D)]为花岗结构[图2.7(E)],矿物组成与浅部斑状—似斑状花岗闪长岩相同,主要有斜长石(20%~30%)、钾长石(30%~40%)和石英(20%~25%)、辉石(5%~10%)、角闪石(3%~5%)、黑云母(5%~10%),以及少量磷灰石、锆石、榍石等副矿物。另外,值得注意的是岩体深部金矿化虽未达工业品位,但在发生绢云母蚀变的斜长石中亦发现金颗粒的存在[图2.7(F)]。花岗闪长岩中发育大量暗色包体,且包体密度随深度加深而增大,包体呈椭圆状、纺锤状等,长轴一般为3~10cm,包体与花岗闪长岩接触界线清晰,具有暗色的细粒冷凝边[图2.7(G)]。暗色包体显微镜下呈微细粒花岗结构,矿物粒径大多小于0.3mm[图2.7(H)],矿物组成与寄主岩体相近,主要矿物有斜长石(15%~25%)、钾长石(35%～45%)、石英(10%～20%)、角闪石(5%～15%)和黑云母(5%～15%),以及磷灰石、锆石、榍石等副矿物,其中,磷灰石大多呈针状及长柱状晶型[图2.7(I)]。

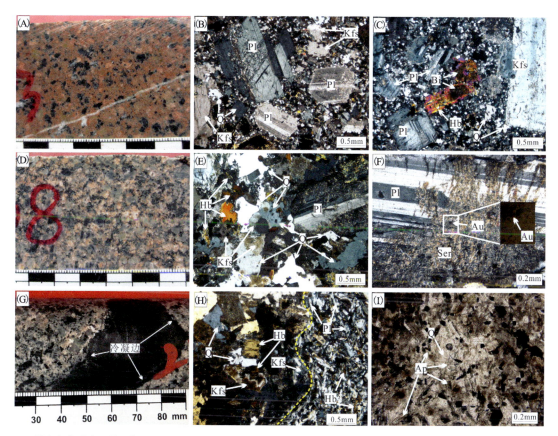

(A)浅部钾化蚀变斑状—似斑状花岗闪长岩;(B)斑状—似斑状花岗闪长岩(浅部)中的钾长石和斜长石(正交偏光);(C)斑状—似斑状花岗闪长岩(浅部)中的钾长石、斜长石和角闪石斑晶(正交偏光);(D)深部轻微蚀变花岗闪长岩;(E)花岗闪长岩(深部)中的角闪石、黑云母、斜长石和钾长石(正交偏光);(F)绢云母蚀变斜长石中的金颗粒(正交偏光/反射光);(G)深部花岗闪长岩中的暗色包体及冷凝边(正交偏光);(H)花岗闪长岩的花岗结构与暗色包体的微细粒结构(正交偏光);(I)暗色包体中的针状及长柱状磷灰石。Kfs-钾长石;Pl-斜长石;Q-石英;Bi-黑云母;Hb-角闪石;Au-金;Ser-绢云母;Ap-磷灰石

图2.7 毕力赫金矿成矿岩体手标本及显微照片

2.2.2 元素地球化学特征

本次研究共采集7件成矿岩体花岗闪长岩钻孔样品(zkI005-105,zk084-149～zk084-154)进行主量及微量元素分析。分析方法见附录。

7件花岗闪长斑岩样品主量分析结果见表2.1。SiO_2质量分数为61.27%～64.44%(平均值为63.34%),Al_2O_3质量分数为14.18%～14.86%(平均值为14.57%),K_2O+Na_2O质量分数为6.1%～6.73%(平均值为6.5%),TiO_2质量分数为0.73%～0.79%(平均值为0.76%),CaO质量分数为3.51%～4.91%(平均值为3.98%),MgO质量分数为1.68%～3.19%(平均值为2.67%),Fe_2O_3质量分数为4.29%～5.58%(平均值为5.09%),K_2O/Na_2O质量分数为

0.52～0.87。在 SiO_2-K_2O 图解[图 2.8(A)]中,样品均落入高钾钙碱性岩石区。A/CNK 和 A/NK 值范围分别介于 0.82～0.95 和 1.59～1.76 之间,样品落入 A/NK—A/CNK 图解中准铝质岩石区[图 2.8(B)]。

表 2.1　毕力赫成矿岩体花岗闪长斑岩主量元素分析结果

指标	单位	zkI005-105	zk084-149	zk084-150	zk084-151	zk084-152	zk084-153	zk084-154
SiO_2	%	63.97	63.22	63.23	63.69	61.27	63.59	64.44
TiO_2	%	0.74	0.79	0.79	0.73	0.79	0.74	0.76
Al_2O_3	%	14.86	14.18	14.56	14.58	14.51	14.50	14.77
$Fe_2O_3^T$	%	5.04	5.33	5.38	4.29	5.58	5.16	4.87
MnO	%	0.09	0.09	0.09	0.07	0.08	0.09	0.07
MgO	%	2.63	2.91	2.90	1.68	3.19	2.76	2.59
CaO	%	3.97	3.51	3.80	4.91	3.87	3.84	3.97
Na_2O	%	2.94	2.93	3.05	2.90	3.41	3.13	2.91
K_2O	%	3.56	3.80	3.62	3.81	2.69	3.56	3.32
P_2O_5	%	0.18	0.19	0.19	0.17	0.19	0.17	0.18
LOI	%	1.68	1.97	2.07	2.11	3.39	2.09	1.66
合计	%	99.8	99.0	99.8	99.0	99.1	99.7	99.6
K_2O＋Na_2O	%	6.50	6.73	6.67	6.71	6.10	6.69	6.23
K_2O/Na_2O		0.80	0.86	0.78	0.87	0.52	0.75	0.75
A/NK		1.71	1.59	1.63	1.64	1.70	1.61	1.76
A/CNK		0.93	0.92	0.92	0.82	0.93	0.91	0.95
DI		73.2	65.4	68.8	67.9	67.0	63.3	64.9
δ		2.01	2.24	2.20	2.18	2.04	2.17	1.81
$Mg^\#$	%	51	52	52	44	53	51	51

注:$Mg^\# = 100×(MgO/40.3044)/(MgO/40.3044+FeO_T/71.844)$。

样品微量元素分析结果见表 2.2。在球粒陨石标准化图谱上显示轻微的 U 型稀土配分模式,富集轻稀土,具有负 Eu 异常并且重稀土微向左倾[图 2.9(A)]。样品 $\Sigma REE+Y$ 含量为 $170.54×10^{-6}$～$186.11×10^{-6}$,LREE/HREE 值为 8.03～8.63,$(La/Yb)_N$ 和 δEu 分别为 9.49～10.36 和 0.62～0.69。原始地幔标准化微量元素蛛网图上[图 2.9(B)]表现为富集 Rb、K、U、Th、Pb,亏损 Nd、Ta、Ti,以及 Hf 的正异常。

第 2 章 毕力赫金矿及成矿岩体

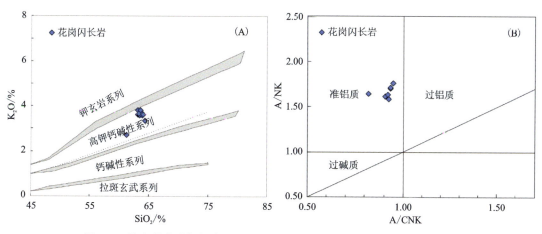

图 2.8 毕力赫花岗闪长岩 K_2O-SiO_2 图解（A）和 A/NK-A/CNK 图解（B）

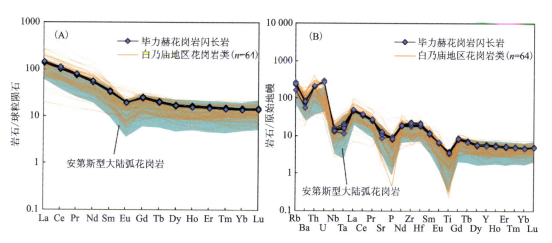

图 2.9 毕力赫花岗闪长岩及白乃庙地区花岗岩类稀土元素球粒陨石标准化配分图（A）和
微量元素原始地幔标准化蛛网图（B）

注：球粒陨石标准化值据 Sun 和 McDonough（1989）；安第斯型大陆边缘弧花岗岩数据据 Villagómez 等（2011）；白乃庙地区晚石炭世—早二叠世花岗岩类数据据郝百武（2011）、柳长峰（2010）、王挽琼（2012）、刘军等（2014）。

表 2.2 毕力赫金矿成矿岩体微量元素分析结果

样品号	单位	zkI005-105	zk084-149	zk084-150	zk084-151	zk084-152	zk084-153	zk084-154
Li	$\times 10^{-6}$	23.0	16.8	17.1	19.7	53.3	23.7	18.8
Be	$\times 10^{-6}$	1.88	1.87	1.83	2.09	2.08	1.77	1.83
P	$\times 10^{-6}$	793	879	855	751	876	806	793
Sc	$\times 10^{-6}$	14.7	16.7	16.0	14.0	16.1	15.3	14.0
Ti	$\times 10^{-6}$	4459	5192	4811	4459	4700	4528	4625
V	$\times 10^{-6}$	112	131	131	113	125	120	114
Mn	$\times 10^{-6}$	687	706	683	506	649	684	577

续表 2.2

样品号	单位	zkI005-105	zk084-149	zk084-150	zk084-151	zk084-152	zk084-153	zk084-154
Co	$\times 10^{-6}$	14.5	15.2	15.0	13.0	15.1	15.2	13.8
Ni	$\times 10^{-6}$	33.83	37.01	36.73	32.99	36.49	35.67	34.12
Cu	$\times 10^{-6}$	56.5	46.9	65.2	37.9	58.6	46.9	56.8
Ga	$\times 10^{-6}$	15.6	16.1	16.1	16.0	16.0	15.9	16.1
Rb	$\times 10^{-6}$	145.0	164.2	155.7	165.5	103.3	153.9	154.5
Sr	$\times 10^{-6}$	272	248	254	252	191	238	269
Y	$\times 10^{-6}$	24.5	27.3	26.3	25.1	27.7	26.3	25.2
Zr	$\times 10^{-6}$	228	267	217	203	229	225	248
Nb	$\times 10^{-6}$	9.80	11.77	10.05	9.69	9.34	10.09	9.94
Mo	$\times 10^{-6}$	2.63	1.64	1.76	2.13	1.23	1.84	2.17
Sn	$\times 10^{-6}$	2.53	3.28	3.07	3.16	2.73	2.73	2.66
Cs	$\times 10^{-6}$	6.83	7.50	8.87	9.65	6.04	5.10	6.28
Ba	$\times 10^{-6}$	561	590	552	543	396	559	579
La	$\times 10^{-6}$	30.7	33.6	32.7	31.4	33.2	32.2	33.8
Ce	$\times 10^{-6}$	61.3	67.1	64.7	61.1	66.7	63.7	66.9
Pr	$\times 10^{-6}$	7.02	7.65	7.44	6.97	7.62	7.33	7.55
Nd	$\times 10^{-6}$	25.1	26.6	25.7	24.2	26.4	25.6	26.3
Sm	$\times 10^{-6}$	4.96	5.42	5.24	4.88	5.37	5.11	5.20
Eu	$\times 10^{-6}$	1.11	1.11	1.14	1.10	1.09	1.12	1.12
Gd	$\times 10^{-6}$	4.82	5.32	5.14	4.81	5.32	5.06	5.03
Tb	$\times 10^{-6}$	0.72	0.78	0.77	0.72	0.79	0.75	0.74
Dy	$\times 10^{-6}$	4.01	4.46	4.31	4.11	4.52	4.31	4.17
Ho	$\times 10^{-6}$	0.86	0.95	0.92	0.87	0.96	0.92	0.88
Er	$\times 10^{-6}$	2.40	2.61	2.52	2.44	2.65	2.59	2.45
Tm	$\times 10^{-6}$	0.36	0.38	0.37	0.36	0.39	0.38	0.36
Yb	$\times 10^{-6}$	2.32	2.46	2.34	2.28	2.47	2.42	2.34
Lu	$\times 10^{-6}$	0.36	0.37	0.36	0.35	0.38	0.37	0.36
Hf	$\times 10^{-6}$	6.06	6.99	5.72	5.60	6.14	5.91	6.66
Ta	$\times 10^{-6}$	0.68	0.85	0.66	0.63	0.47	0.80	0.65
W	$\times 10^{-6}$	1.78	2.78	2.37	1.91	1.24	1.72	2.18
Tl	$\times 10^{-6}$	0.68	0.83	0.77	0.75	0.51	0.73	0.71

续表 2.2

样品号	单位	zkI005-105	zk084-149	zk084-150	zk084-151	zk084-152	zk084-153	zk084-154
Pb	$\times 10^{-6}$	36.1	32.4	23.1	19.4	20.1	20.7	23.6
Th	$\times 10^{-6}$	17.3	17.7	17.0	17.4	17.3	17.4	18.3
U	$\times 10^{-6}$	5.74	5.49	5.50	6.26	5.60	5.60	5.75
ΣREE	$\times 10^{-6}$	146.04	158.81	153.65	145.59	157.86	151.86	157.2
LREE	$\times 10^{-6}$	130.19	141.48	136.92	129.65	140.38	135.06	140.87
HREE	$\times 10^{-6}$	15.85	17.33	16.73	15.94	17.48	16.80	16.33
LREE/HREE		8.21	8.16	8.18	8.13	8.03	8.04	8.63
$(La/Yb)_N$		9.49	9.80	10.02	9.88	9.64	9.54	10.36
δEu		0.69	0.62	0.66	0.69	0.62	0.67	0.66

注：$\Sigma REE=La+Ce+Pr+Nd+Sm+Eu+Gd+Tb+Dy+Ho+Er+Tm+Yb+Lu$；$\delta Eu=2Eu_N/(Sm_N+Gd_N)$；$\delta Ce=2Ce_N/(La_N+Pr_N)$。

2.2.3 同位素地质年代学及地球化学

采集 1 件浅部成矿岩体近矿钻孔样品 zk086-53(取样深度：205m)以及 1 件深部成矿岩体新鲜样品 zkI005-105(取样深度：1177m)进行锆石 U-Pb 年代学及 Hf 同位素分析，采样位置如图 2.6 所示。采集 4 件样品(zkI005-105、zkI005-109、zkI005-113、zk084-143)进行全岩 Sr-Nd 同位素分析。分析方法见附录。

1. 同位素年代学

2 件花岗闪长岩样品(zk086-53、zkI005-105)中的锆石颗粒多具有清晰的韵律环带[图 2.10(A)、图 2.10(C)]，晶体自形，长度为 50~200μm，长宽比为 1:1 至 3:1，属于典型的岩浆成因锆石，个别锆石具有核边结构[图 2.10(A)中的颗粒 14、30]，为继承或捕获锆石。

样品 zk086-53 共分析 32 个点，除去 6 个谐和度低于 90%(9、18、19、21、26、29)和 2 个继承/捕获的锆石分析点(14、30)外，剩余 24 颗锆石的 24 个分析点的 U、Th 和 Pb 含量分别介于 137×10^{-6}~641×10^{-6}(平均值为 194×10^{-6})、90.7×10^{-6}~444×10^{-6}(平均值为 137×10^{-6})和 29.1×10^{-6}~134×10^{-6}(平均值为 40.8×10^{-6}；表 2.3)，Th/U 值介于 0.58~0.91 之间。$^{206}Pb/^{238}U$-$^{207}Pb/^{235}U$ 谐和图解中[图 2.10(B)]，24 个分析点呈群均分布于谐和线上，加权平均年龄为 $(268.1\pm1.8)Ma(MSWD=1.17,1\sigma)$。两颗继承/捕获锆石(zk086-53-14 和 zk086-53-30)$^{206}Pb/^{238}U$ 年龄分别为 $(1906.2\pm22.3)Ma$ 和 $(1436.3+14.4)Ma$。样品 zkI005-105 共分析 20 颗锆石，除去 5 个谐和度小于 90%(4、5、6、13、14)锆石分析点外，剩余 15 颗锆石的分析结果显示，U、Th 及 Pb 含量分别为 151×10^{-6}~715×10^{-6}(平均值为 257×10^{-6})、91.2×10^{-6}~510×10^{-6}(平均值为 169×10^{-6})以及 33.5×10^{-6}~160×10^{-6}(平均值为 55×10^{-6}；表 2.4)，Th/U 值为 0.34~0.91，加权平均年龄为 $(267.7\pm4.1)Ma[MSWD=1.06,1\sigma$；图 2.10(D)]。

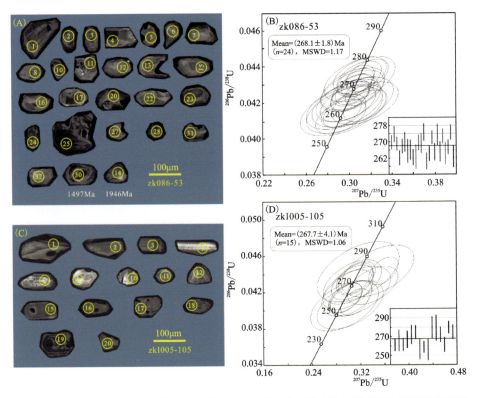

图 2.10　毕力赫花岗闪长岩锆石阴极发光图像(A、C)和 LA-ICP-MS 锆石 U-Pb 谐和年龄图(B、D)

2. 锆石 Hf 同位素

锆石 Hf 同位素分析结果见图 2.11 和表 2.4。2 件花岗闪长岩样品均具有正的 $\varepsilon_{Hf}(t)$ 值。样品 zk086-53 锆石的 Hf 同位素分析结果显示,$^{176}Lu/^{177}Hf$ 和 $^{176}Hf/^{177}Hf$ 值分别为 0.000 578～0.001 192 和 0.282 701～0.282 857;计算的 $\varepsilon_{Hf}(t)$ 值为 3.2～8.7,$f_{Lu/Hf}$ 为 -0.98～-0.96,二阶段模式年龄 (T_{DM2})为 1085～737Ma,平均为 924Ma。两颗继承/捕获锆石中,颗粒 zk086-53-14 (1906Ma)的 $\varepsilon_{Hf}(t)$ 为 -7.2,T_{DM2} 为 2978Ma;颗粒 zk086-53-30(1436Ma)的 $\varepsilon_{Hf}(t)$ 为 10.0,T_{DM2} 为 1558Ma。样品 zkI005-105 与 zk086-53 具有相似的 Lu、

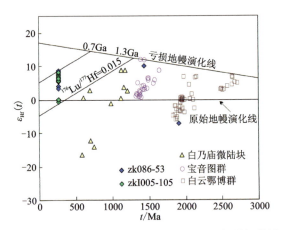

图 2.11　毕力赫成矿岩体锆石 $\varepsilon_{Hf}(t)$ 与 U-Pb 年龄相关图解
(据 Griffin et al.2000)

注:亏损地幔 $^{176}Lu/^{177}Hf=0.0384$,$^{176}Hf/^{177}Hf=0.28325$;白乃庙微陆块(1.25～0.6Ga)数据据 Zhang 等(2014);白云鄂博群数据据马铭株等(2014);宝音图群数据据孙立新等(2013a)。

Hf 同位素特征,$^{176}Lu/^{177}Hf$ 和 $^{176}Hf/^{177}Hf$ 值分别为 0.000 623～0.001 308、0.282 593～0.282 847;$\varepsilon_{Hf}(t)$ 值为 -0.6～8.3,$f_{Lu/Hf}$ 为 -0.98～-0.96,二阶段模式年龄(T_{DM2})为 1330～762Ma,平均为 957Ma。

第 2 章 毕力赫金矿及成矿岩体

表 2.3 毕力赫金矿成矿岩体(zk086-53 和 zk1005-105)锆石 LA-ICP-MS U-Pb 同位素分析结果

点号	含量/×10⁻⁶			Th/U	比值						年龄/Ma						谐和度/%
	U	Th	Pb		$^{207}Pb/^{235}U$	1σ	$^{206}Pb/^{238}U$	1σ	$^{207}Pb/^{206}Pb$	1σ	$^{207}Pb/^{235}U$	1σ	$^{206}Pb/^{238}U$	1σ	$^{207}Pb/^{206}Pb$	1σ	
zk086-53-1	137	90.7	29.1	0.66	0.304 6	0.011 3	0.042 7	0.000 6	0.051 7	0.002 2	270.0	8.8	269.8	3.4	271.3	92.7	99
zk086-53-2	187	135	40.1	0.72	0.309 8	0.013 7	0.043 4	0.000 6	0.051 8	0.002 5	274.0	10.7	273.8	3.8	275.2	107.4	98
zk086-53-3	185	115	38.8	0.62	0.312 0	0.010 2	0.042 6	0.000 5	0.053 1	0.002 0	275.7	7.9	269.1	3.2	331.5	82.9	99
zk086-53-4	261	237	56.1	0.91	0.294 0	0.011 8	0.041 5	0.000 6	0.051 4	0.002 3	261.7	9.3	262.1	3.5	257.5	99.2	98
zk086-53-5	159	116	33.5	0.73	0.301 6	0.012 1	0.042 4	0.000 6	0.051 6	0.002 3	267.5	9.5	267.9	3.5	265.4	99.0	100
zk086-53-6	175	112	36.4	0.64	0.304 0	0.019 7	0.042 8	0.000 8	0.051 5	0.003 5	269.5	15.3	270.0	4.8	264.5	149.5	100
zk086-53-7	140	98.3	29.8	0.70	0.303 7	0.025 2	0.042 0	0.000 9	0.052 4	0.004 5	269.3	19.6	265.5	5.7	302.7	184.9	99
zk086-53-8	197	156	42.0	0.79	0.299 8	0.019 9	0.042 1	0.000 8	0.051 6	0.003 6	266.2	15.6	266.1	4.8	267.3	153.0	100
zk086-53-10	177	136	37.2	0.76	0.295 3	0.013 8	0.041 6	0.000 6	0.051 5	0.002 6	262.7	10.8	262.4	3.7	264.7	112.5	98
zk086-53-11	159	131	35.2	0.82	0.294 7	0.026 4	0.041 6	0.000 9	0.051 4	0.004 8	262.3	20.7	262.7	5.8	258.5	200.0	99
zk086-53-12	163	94.2	33.6	0.58	0.304 2	0.013 0	0.042 7	0.000 6	0.051 7	0.002 3	269.7	10.1	269.7	3.7	269.7	104.2	99
zk086-53-13	162	118	33.8	0.73	0.303 4	0.019 5	0.042 7	0.000 8	0.051 6	0.003 5	269.1	15.2	269.3	4.7	266.2	148.4	100
zk086-53-14	84.9	59.6	153	0.70	5.793 5	0.122 1	0.344 1	0.004 7	0.122 1	0.003 3	1 945.4	18.3	1 906.2	22.3	1 987.2	47.8	98
zk086-53-15	154	99.1	32.6	0.64	0.310 6	0.016 5	0.043 5	0.000 7	0.051 7	0.003 0	274.6	12.8	274.7	4.2	274.1	126.0	98
zk086-53-16	160	115	33.2	0.72	0.292 6	0.015 6	0.041 2	0.000 6	0.051 5	0.002 9	260.6	12.2	260.5	4.0	260.8	125.9	98
zk086-53-17	154	91.7	31.9	0.60	0.315 5	0.013 5	0.041 8	0.000 5	0.054 7	0.002 6	278.4	10.4	264.2	3.6	400.1	100.7	98
zk086-53-20	197	133	42.3	0.68	0.308 2	0.009 8	0.043 1	0.000 5	0.051 8	0.001 9	272.8	7.6	272.2	3.3	278.1	82.3	99
zk086-53-22	139	117	29.5	0.85	0.299 4	0.017 1	0.042 0	0.000 7	0.051 7	0.003 1	265.9	13.4	265.0	4.1	273.2	133.5	99
zk086-53-23	154	116	32.4	0.75	0.310 4	0.022 0	0.043 3	0.000 8	0.051 9	0.003 9	274.5	17.0	273.5	5.2	282.7	161.4	99
zk086-53-24	222	142	45.3	0.64	0.308 1	0.016 4	0.041 0	0.000 7	0.054 5	0.003 3	272.7	12.7	259.2	4.1	389.8	123.1	99
zk086-53-25	641	444	134	0.69	0.306 8	0.011 5	0.043 2	0.000 6	0.051 5	0.002 2	271.7	9.0	272.8	3.5	261.5	94.0	99

续表2.3

点号	含量/×10⁻⁶			Th/U	比值						年龄/Ma						谐和度/%
	U	Th	Pb		$^{207}Pb/^{235}U$	1σ	$^{206}Pb/^{238}U$	1σ	$^{207}Pb/^{206}Pb$	1σ	$^{207}Pb/^{235}U$	1σ	$^{206}Pb/^{238}U$	1σ	$^{207}Pb/^{206}Pb$	1σ	
zk086-53-27	165	109	34.4	0.66	0.2960	0.0235	0.0419	0.0006	0.05113	0.0043	263.3	18.4	264.3	5.4	253.6	179.9	99
zk086-53-28	196	134	41.3	0.68	0.3010	0.0119	0.0424	0.0006	0.05156	0.0023	267.2	9.3	267.4	3.5	265.3	97.7	100
zk086-53-30	462	231	581	0.50	3.3698	0.0529	0.2496	0.0028	0.09779	0.0023	1497.4	12.3	1436.3	14.4	1584.8	43.7	98
zk086-53-31	220	136	47.4	0.62	0.3172	0.0132	0.0435	0.0006	0.05299	0.0024	279.8	10.2	274.6	3.7	322.9	100.9	98
zk086-53-32	153	102	31.0	0.67	0.2959	0.0234	0.0416	0.0006	0.05160	0.0043	263.2	18.3	262.8	5.3	266.5	178.7	99
zk086-53-33	267	91.2	53.9	0.34	0.2963	0.0177	0.0414	0.0009	0.05200	0.0033	263.5	13.9	261.3	6.6	283.0	137.2	99
zkI005-105-1	178	107	37.9	0.60	0.3133	0.0377	0.0421	0.0011	0.05400	0.0068	276.7	29.1	265.9	11.2	368.8	260.7	100
zkI005-105-2	292	238	62.2	0.81	0.2952	0.0182	0.0414	0.0011	0.05170	0.0033	262.7	14.2	261.7	6.7	271.3	141.3	99
zkI005-105-3	209	191	45.9	0.91	0.3000	0.0276	0.0423	0.0015	0.05154	0.0049	266.4	21.5	267.1	9.0	259.6	205.8	99
zkI005-105-7	259	149	55.6	0.58	0.3073	0.0319	0.0432	0.0016	0.05156	0.0056	272.1	24.8	272.4	10.0	269.4	230.2	99
zkI005-105-8	151	110	33.5	0.73	0.3119	0.0190	0.0436	0.0011	0.05190	0.0033	275.7	14.7	274.9	7.0	282.5	139.3	99
zkI005-105-9	163	114	33.8	0.70	0.3031	0.0362	0.0406	0.0018	0.05410	0.0068	268.8	28.2	256.7	10.8	375.3	259.1	99
zkI005-105-10	284	133	57.6	0.47	0.3110	0.0156	0.0409	0.0010	0.05510	0.0029	275.0	12.1	258.7	6.0	415.8	113.3	98
zkI005-105-11	188	117	37.8	0.62	0.2939	0.0373	0.0405	0.0018	0.05260	0.0070	261.6	29.3	256.2	11.3	310.4	276.6	99
zkI005-105-12	190	156	41.8	0.82	0.3494	0.0398	0.0443	0.0019	0.05710	0.0068	304.2	30.0	279.8	11.6	495.3	243.9	99
zkI005-105-15	285	135	62.8	0.48	0.3171	0.0449	0.0449	0.0022	0.05199	0.0077	279.6	34.6	279.3	13.5	282.2	306.9	99
zkI005-105-16	194	126	41.6	0.65	0.3073	0.0231	0.0431	0.0013	0.05171	0.0041	272.1	18.0	272.1	7.9	272.2	170.3	99
zkI005-105-17	286	192	58.5	0.67	0.3053	0.0229	0.0413	0.0013	0.05355	0.0042	270.3	17.8	261.3	7.7	348.1	168.4	99
zkI005-105-18	715	510	160	0.71	0.3587	0.0162	0.0444	0.0010	0.05866	0.0028	311.2	12.1	279.8	6.3	553.8	100.5	97
zkI005-105-19	208	170	45.8	0.82	0.3129	0.0214	0.0436	0.0012	0.05210	0.0037	276.5	16.6	274.9	7.6	289.2	155.6	99

第 2 章　毕力赫金矿及成矿岩体

表 2.4　毕力赫成矿岩体锆石 Lu-Hf 同位素组成

点号	年龄/Ma	^{176}Yb/^{177}Hf	1σ	^{176}Lu/^{177}Hf	1σ	^{176}Hf/^{177}Hf	1σ	$\varepsilon_{Hf}(0)$	$\varepsilon_{Hf}(t)$	T_{DM1}/Ma	T_{DM2}/Ma	$(f_{Lu/Hf})_S$
zk086-53-04	268	0.031 626	0.000 198	0.001 192	0.000 007	0.282 802	0.000 009	1.1	6.7	641	862	−0.96
zk086-53-05	268	0.019 669	0.000 130	0.000 736	0.000 004	0.282 701	0.000 009	−2.5	3.2	776	1085	−0.98
zk086-53-11	268	0.014 948	0.000 050	0.000 578	0.000 002	0.282 773	0.000 006	0.0	5.8	672	921	−0.98
zk086-53-14	1906	0.003 774	0.000 042	0.000 349	0.000 002	0.281 381	0.000 007	−49.2	−7.2	2571	2987	−0.99
zk086-53-17	268	0.024 548	0.000 135	0.000 926	0.000 005	0.282 789	0.000 009	0.6	6.3	656	890	−0.97
zk086-53-20	268	0.019 400	0.000 082	0.000 742	0.000 003	0.282 765	0.000 008	−0.2	5.5	685	940	−0.98
zk086-53-21	268	0.018 503	0.000 195	0.000 813	0.000 008	0.282 724	0.000 007	−1.7	4.0	745	1035	−0.97
zk086-53-25	268	0.029 263	0.000 095	0.001 087	0.000 006	0.282 857	0.000 003	3.0	8.7	562	737	−0.97
zk086-53-30	1436	0.025 829	0.000 080	0.001 053	0.000 003	0.282 181	0.000 004	−20.9	10.0	1513	1558	−0.97
zkI005-105-02	268	0.031 059	0.000 099	0.000 991	0.000 007	0.282 819	0.000 007	1.6	7.4	615	822	−0.97
zkI005-105-03	268	0.031 855	0.000 351	0.000 984	0.000 009	0.282 832	0.000 008	2.1	7.8	596	792	−0.97
zkI005-105-08	268	0.023 862	0.000 091	0.000 783	0.000 002	0.282 593	0.000 009	−6.3	−0.6	929	1330	−0.98
zkI005-105-09	268	0.027 417	0.000 111	0.000 842	0.000 002	0.282 800	0.000 006	1.0	6.7	637	863	−0.97
zkI005-105-11	268	0.034 317	0.000 382	0.001 269	0.000 013	0.282 618	0.000 006	−5.4	0.2	905	1279	−0.96
zkI005-105-12	268	0.018 629	0.000 025	0.000 623	0.000 001	0.282 770	0.000 006	−0.1	5.7	677	927	−0.98
zkI005-105-16	268	0.041 141	0.000 069	0.001 308	0.000 002	0.282 847	0.000 006	2.7	8.3	579	762	−0.96
zkI005-105-17	268	0.023 407	0.000 048	0.000 767	0.000 001	0.282 789	0.000 008	0.6	6.4	653	887	−0.98

注：$\varepsilon_{Hf}(0) = \{[(^{176}Hf/^{177}Hf)_S/(^{176}Hf/^{177}Hf)_{CHUR,0}] - 1\} \times 10\,000$；$\varepsilon_{Hf}(t) = \{[(^{176}Hf/^{177}Hf)_S - (^{176}Lu/^{177}Hf)_S \times (e^{\lambda t} - 1)]/[(^{176}Hf/^{177}Hf)_{CHUR,0} - (^{176}Lu/^{177}Hf)_{CHUR} \times (e^{\lambda t} - 1)]\} \times 10\,000$；$t = 268$；$\lambda = 1.867 \times 10^{(-11)} a^{-1}$（据 Scherer et al.，2001）；$T_{DM1} = (1/\lambda) \times \ln\{1 + [(^{176}Hf/^{177}Hf)_S - (^{176}Hf/^{177}Hf)_{DM}]/[(^{176}Lu/^{177}Hf)_S - (^{176}Lu/^{177}Hf)_{DM}]\}$；$(f_{Lu/Hf})_S = (^{176}Lu/^{177}Hf)_S/(^{176}Lu/^{177}Hf)_{CHUR} - 1$；$f_{LC} = (^{176}Lu/^{177}Hf)_{LC}/(^{176}Lu/^{177}Hf)_{CHUR} - 1$；$f_M = (^{176}Lu/^{177}Hf)_{DM}/(^{176}Lu/^{177}Hf)_{CHUR} - 1$；$T_{DM2} = T_{DM1} - (T_{DM1} - t)[(f_{LC} - f_S)/(f_{CC} - f_{DM})]$；$(f_{Lu/Hf})_S = (^{176}Lu/^{177}Hf)_S/(^{176}Lu/^{177}Hf)_{CHUR} - 1$；$(^{176}Hf/^{177}Hf)_{CHUR,0} = 0.282\,772$（据 Blichert-Toft and Albarède F，1997）；$(^{176}Lu/^{177}Hf)_{CHUR} = 0.033\,2$，$(^{176}Hf/^{177}Hf)_{DM} = 0.283\,25$（据 Griffin et al.，2000）；$(^{176}Lu/^{177}Hf)_{DM} = 0.038\,4$，$(^{176}Hf/^{177}Hf)_S$ 为样品测定值，f_S、f_{CC}、f_{DM} 分别为样品、大陆地壳和亏损地幔的 $f_{Lu/Hf}$；$(^{176}Lu/^{177}Hf)_{LC} = 0.022$（Amelin et al.，1999）。

3. 全岩 Sr-Nd 同位素特征

4 件样品全岩 Rb-Sr 同位素分析结果见表 2.5。采用 ^{87}Rb 的平均同位素丰度 27.83% 计算 ^{87}Rb/^{86}Sr 值。^{87}Rb/^{86}Sr 和 ^{87}Sr/^{86}Sr 值分别介于 1.54～2.07 和 0.712 570～0.714 075 之间，I_{Sr} 变化于 0.705 893～0.706 680 之间(图 2.12)。

表 2.5　毕力赫成矿岩体 Rb-Sr 同位素数据

样品号	年龄/Ma	Rb/×10^{-6}	Sr/×10^{-6}	^{87}Rb/^{86}Sr	^{87}Sr/^{86}Sr	1σ	I_{Sr}
zkI005-105	268	145	272	1.54	0.712 570	0.000 005	0.706 680
zkI005-109	268	134	196	1.97	0.713 396	0.000 004	0.705 893
zkI005-113	268	178	325	1.58	0.712 580	0.000 006	0.706 573
zk084-143	268	160	222	2.07	0.714 075	0.000 004	0.706 199

注：$I_{Sr} = (^{87}Sr/^{86}Sr)_S - (^{87}Rb/^{86}Sr)_S \times (e^{\lambda t} - 1)$; $t = 268$; $\lambda = 1.42 \times 10^{(-5)} a^{-1}$（据 Steiger et al., 1977）。

全岩 Sm-Nd 同位素分析结果见表 2.6。^{87}Rb/^{86}Sr 和 ^{147}Sm/^{144}Nd 根据样品微量元素含量及同位素丰度计算获得，其中 ^{87}Rb 和 ^{147}Sm 同位素丰度分别采用平均值 27.83% 和 15.1%，^{86}Sr 和 ^{144}Nd 同位素丰度根据测试结果计算获得。全岩 ^{147}Sm/^{144}Nd 及 ^{143}Nd/^{144}Nd 分别为 0.118 234～0.125 226 和 0.512 403～0.512 412，$\varepsilon_{Nd}(t)$ 变化于 -2.1～-1.7 之间(图 2.12)，计算获得的单阶段 Nd 同位素模式年龄 T_{DM1} 值在 1285～1184Ma 之间，平均为 1225Ma。

表 2.6　毕力赫成矿岩体 Sm-Nd 同位素数据

样品号	年龄/Ma	Sm/10^{-6}	Nd/10^{-6}	^{147}Sm/^{144}Nd	^{143}Nd/^{144}Nd	1σ	$\varepsilon_{Nd}(0)$	$\varepsilon_{Nd}(t)$	T_{DM1}/Ma
zkI005-105	268	4.96	25.15	0.119 335	0.512 409	0.000 001	-4.5	-1.7	1195
zkI005-109	268	4.95	23.91	0.125 226	0.512 403	0.000 001	-4.6	-2.1	1285
zkI005-113	268	6.07	29.49	0.124 465	0.512 412	0.000 002	-4.4	-1.9	1259
zk084-143	268	5.30	27.14	0.118 234	0.512 408	0.000 002	-4.5	-1.8	1184

注：$\varepsilon_{Nd}(0) = [(^{143}Nd/^{144}Nd)_S/(^{143}Nd/^{144}Nd)_{CHUR,0} - 1] \times 10\,000$；$\varepsilon_{Nd}(t) = \{[(^{143}Nd/^{144}Nd)_S - (^{147}Sm/^{144}Nd)_S \times (e^{\lambda t} - 1)]/[(^{143}Nd/^{144}Nd)_{CHUR,0} - (^{147}Sm/^{144}Nd)_{CHUR} \times (e^{\lambda t} - 1)] - 1\} \times 10\,000$；$T_{DM1} = (1/\lambda) \times \ln\{1 + [(^{143}Nd/^{144}Nd)_S - (^{143}Nd/^{144}Nd)_{DM}]/[(^{147}Sm/^{144}Nd)_S - (^{147}Sm/^{144}Nd)_{DM}]\}$；$t = 268$；$\lambda = 6.54 \times 10^{-12} a^{-1}$（据 Lugmair and Marti, 1978）；$(^{147}Sm/^{144}Nd)_{CHUR} = 0.196\,7$；$(^{143}Nd/^{144}Nd)_{CHUR,0} = 0.512\,638$（据 Hamilton et al., 1979）；$(^{143}Nd/^{144}Nd)_{DM} = 0.213\,7$；$(^{143}Nd/^{144}Nd)_{DM} = 0.513\,15$（据 Peucat et al., 1989）。

2.2.4　成矿岩体成因

花岗质岩石根据成因分为 I、S、M 和 A 四种类型(Pitcher, 1982)。毕力赫花岗闪长岩为标准铝质花岗岩(A/CNK<1)，暗色矿物及副矿物为黑云母、角闪石、榍石、磁铁矿，具有 I 型岩浆的典型特征。同时，毕力赫花岗闪长岩含有暗色包体[图 2.7(G)]，也是 I 型花岗岩的重要标志(王德滋和谢磊, 2008)。

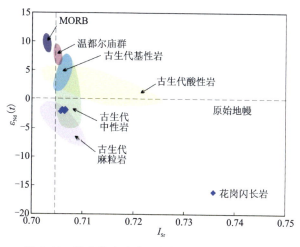

图 2.12 毕力赫金矿成矿岩体 $\varepsilon_{Nd}(t)$-I_{Sr} 相关图解

注：MORB 表示洋中脊玄武岩；MORB 数据据 Zindler and Hart(1986)；大兴安岭地区古生代片麻岩数据据 Liu 等(2010a)；基性岩数据据 Chen 等(2000)和 Dolgopolova 等(2013)；中性岩数据据 Liu 等(2010a)、Chen 等(2000)、王瑾(2009)和 Dolgopolova 等(2013)；酸性岩数据据 Guo 等(2013)；温都尔庙群数据据 Zhang and Wu(1998)；反算全 t=268Ma。

毕力赫花岗闪长岩以富集大离子亲石元素（如 Rb 和 K）、轻稀土、亏损高场强元素（如 Nb、Zr、P 和 Ti）和重稀土为特征，显示出与俯冲有关的岩浆岩特征，如安第斯型大陆边缘弧岩浆岩[图 2.9(B)；Villagómez et al.，2011；Pearce and Stern，2006；Stern et al.，2003]。在花岗岩构造判别图解中（图 2.13），样品落于弧花岗岩区域，指示岩体形成于弧环境。花岗闪长岩的围岩额里图组火山岩成岩年龄为(275.3±1)Ma，接近于花岗闪长岩[(268.1±1.8)Ma]的形成时代。岩性以安山岩、英安岩和流纹岩为主，岩浆系列属钙碱性—高钾钙碱性—钾玄岩系列，亏损 Ni、Ta 和 Ti，具有火山弧岩浆岩的地球化学特征（王挽琼，2014），表明额里图组火山岩形成于大陆边缘弧环境中。安山岩-英安岩和花岗闪长岩也是大陆边缘弧的标志性岩石组合（邓晋福等，2007，2015）。

锆石的 Lu-Hf 同位素体系具有很高的封闭温度，岩浆后期部分熔融或分离结晶不会导致已经结晶的锆石同位素组成的变化，因此锆石的 $\varepsilon_{Hf}(t)$ 值代表了岩浆源区的同位素组成（周振华，2012；张晓倩，2012；周振华等，2014）。一般认为具有正的 $\varepsilon_{Hf}(t)$ 值的花岗质岩石来自亏损地幔或从亏损地幔中新增生的年轻地壳物质的部分熔融（隋振民等，2009），而负的 $\varepsilon_{Hf}(t)$ 值通常代表岩浆来自古老地壳（吴福元等，2007a；周振华等，2012；周振华，2014；田立明等，2017）。对于不均一的 Hf 同位素特征，则可能与具有不同 Hf 同位素组成的几种岩浆混合有关（Griffin et al.，2002；Kemp et al.，2007；Ravikant et al.，2011；周振华等，2012；张晓倩等，2012）。本书获得 2 件毕力赫成矿岩体样品具有正的而略显分散的 Hf 同位素组成（图 2.12）。代表成岩年龄的 15 颗锆石中，有 14 颗锆石的 $\varepsilon_{Hf}(t)$ 值为正值，介于 0.2～8.7 之间，另外一颗锆石 $\varepsilon_{Hf}(t)$ 值为负值(-0.6)，以上数据表明毕力赫花岗闪长岩源区可能以幔源物质或新生地壳物质的贡献为主，并且有古老地壳物质的混入。实验岩石学研究表明，花岗

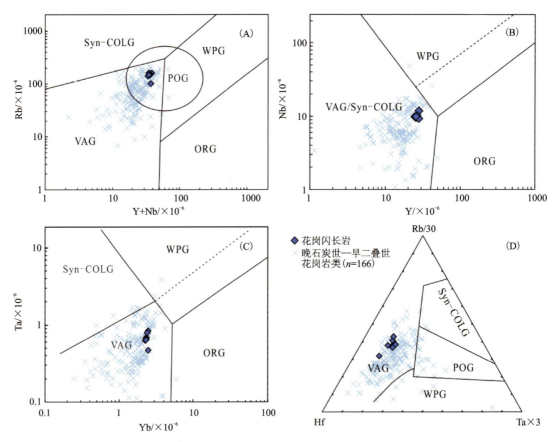

VAG-火山弧花岗岩；Syn-CLOG-同碰撞花岗岩；WPG-板内花岗岩；ORG-洋脊花岗岩；POG-碰撞晚期-碰撞后花岗岩

图 2.13 毕力赫花岗闪长岩大地构造环境判别图(底图据 Pearce et al.,1984)

质岩浆主要是地壳来源的(Wyllie,1977；吴福元等,2007b)，中亚造山带为典型增生型造山带，以发育新生地壳为特征(Şengör et al.,1993；Jahn et al.,2000a)，因此，毕力赫花岗闪长岩源区应该以新生地壳(而非幔源物质)物质为主。Zhang 等(2014)通过对白乃庙地区沉积岩的碎屑锆石年代学和 Hf 同位素进行分析研究，认为白乃庙弧岩浆岩下存在年龄为 1250～600Ma 的中—新元古代基底，即白乃庙微陆块基底。毕力赫花岗闪长岩的二阶段 Hf 同位素模式年龄(T_{DM2} 在 1330～737Ma 之间)，与白乃庙微陆块基底年龄一致，说明花岗闪长岩的古老地壳端元可能为白乃庙微陆块基底物质。另外，岩体中发现 1436Ma 的继承锆石(zk086-53-30)，与代表白乃庙微陆块基底(Zhang et al.,2014)的变质岩浆/碎屑锆石相似，也支持上述解释。在 Sr-Nd 同位素图解上(图 2.12)，岩体样品落在 MORB 与古老下地壳混合线上，模拟计算显示下地壳的混入比例小于 6%，也支持毕力赫花岗闪长岩源区为新生下地壳与少量白乃庙微陆块基底物质混合的解释。

这一解释也得到了毕力赫金矿花岗闪长岩体岩相学证据的支持，在岩体中发育大量暗色包体，说明其形成过程中发生了岩浆混合作用。首先，包体呈椭圆状、纺锤状等[图 2.7(G)]，指示处于流动状态的两种岩浆混合(莫宣学等,2002；王德滋和谢磊,2008)；其次，从包体与寄主岩体的接触关系来看,包体具有冷凝边[图 2.7(G)],通常认为这种冷凝边是由于相对高温的中基性岩浆进入相对低温的酸性岩浆后,迅速冷却形成的(李永军等,2004;康磊等,2009);最后,从显微结构来看,包体呈细粒—微细粒半自形粒状结构[图 2.7(H)],为典型的岩浆结构,但矿物粒度都小于寄主花岗闪长岩,反映相对高温的中基性岩浆在遇到温度较低的长英质岩浆后,发生快速冷却结晶(莫宣学等,2002;李永军等,2004;马铁球等,2005)。包体中发育细小针状及长柱状磷灰石[图 2.7(I)],也被认为是岩浆混合的重要矿物学标志(Wyllie et al.,1962)。因此,这些包体可能来源于新生地壳部分熔融过程中形成的尚未被寄主岩体完全同化的偏中基性岩浆(Chappell,1987)。

综上所述,毕力赫岩体可能形成于陆缘弧环境下新生下地壳物质部分熔融形成的底侵中基性岩浆和由底侵导致的白乃庙微陆块古老基底物质部分熔融形成的长英质岩浆的混合(图 2.14)。

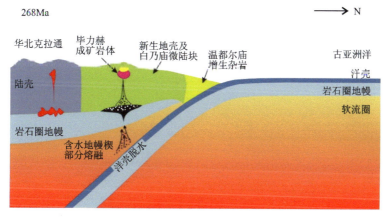

图 2.14 毕力赫成矿岩体成因模式图

2.3 围岩火山碎屑岩特征

2.3.1 火山碎屑岩地质特征与岩性

毕力赫金矿的围岩地层为额里图组火山碎屑岩,主要岩性有岩屑晶屑凝灰岩、安山岩、沉凝灰岩、含粉砂质层凝灰岩。该组地层在矿区内分布广泛。地层总体产出形态为北西倾斜的单斜构造(图 2.15),底部被毕力赫成矿岩体花岗闪长岩侵入[图 2.16(A)]。受岩浆岩侵入及断层的影响,地层产状紊乱,倾向北东东-北西均有,倾角 20°~50°。

沉凝灰岩新鲜面呈灰绿色,凝灰结构,块状构造[图 2.16(B)]。碎屑主要为石英、长石,含量约 40%,粒度为 0.2~0.05mm,呈棱角状、长条状,磨圆较差;胶结物为火山灰,呈隐晶质-二长质,主要矿物成分为微晶斜长石,以及暗色矿物辉石、角闪石和黑云母[图 2.16(C)、图 2.16(D)]。

图 2.15　毕力赫容矿围岩额里图组火山沉积岩产状照片

(A)成矿岩体(左侧)与容矿围岩(右侧)侵入接触关系(手标本);(B)容矿围岩沉凝灰岩(手标本);(C)沉凝灰岩中的石英和钾长石碎屑(正交偏光);(D)沉凝灰岩中的石英和黑云母碎屑(正交偏光)。Bi-黑云母;Kfs-钾长石;Q-石英

图 2.16　毕力赫成矿岩体和容矿围岩照片

2.3.2　元素地球化学特征

1. 样品

采集 2 件安山岩样品(W-9、W-11)和 1 件沉凝灰岩样品(W-8)进行全岩主量元素和微量元素分析。

2. 测试结果

安山岩和沉凝灰岩主量及微量元素分析结果见表 2.7。

表 2.7 毕力赫金矿容矿围岩主量及微量元素分析结果

指标	单位	W-8	W-11	W-9	指标	单位	W-8	W-11	W-9
		沉凝灰岩	安山岩				沉凝灰岩	安山岩	
SiO_2	%	61.433	58.73	59.38	Nb	$\times 10^{-6}$	7.00	11.59	9.26
TiO_2	%	1.23	0.87	0.77	Mo	$\times 10^{-6}$	3.02	2.78	0.98
Al_2O_3	%	15.36	18.43	16.88	Sn	$\times 10^{-6}$	1.76	1.82	1.65
$Fe_2O_3^T$	%	7.47	8.79	7.14	Cs	$\times 10^{-6}$	5.01	9.78	13.9
MnO	%	0.11	0.06	0.08	Ba	$\times 10^{-6}$	714	721	463
MgO	%	1.18	3.17	2.72	La	$\times 10^{-6}$	27.6	50.5	29.1
CaO	%	4.49	2.19	3.40	Ce	$\times 10^{-6}$	58.3	102.8	58.5
Na_2O	%	4.22	2.99	3.34	Pr	$\times 10^{-6}$	6.94	11.99	6.91
K_2O	%	1.99	3.33	3.54	Nd	$\times 10^{-6}$	26.1	41.9	24.4
P_2O_5	%	0.353	0.133	0.194	Sm	$\times 10^{-6}$	5.56	7.91	4.85
LOI	%	1.68	0.91	1.49	Eu	$\times 10^{-6}$	1.60	1.75	1.17
合计	%	99.6	99.7	99.0	Gd	$\times 10^{-6}$	5.64	7.35	4.57
K_2O+Na_2O	%	6.21	6.32	6.88	Tb	$\times 10^{-6}$	0.86	1.00	0.65
K_2O/Na_2O		0.31	0.73	0.70	Dy	$\times 10^{-6}$	4.93	5.40	3.55
A/NK		1.69	2.16	1.81	Ho	$\times 10^{-6}$	1.03	1.10	0.74
A/CNK		0.89	1.47	1.09	Er	$\times 10^{-6}$	2.85	2.96	2.06
δ		2.09	2.54	2.89	Tm	$\times 10^{-6}$	0.42	0.42	0.31
DI		67.0	63.3	64.9	Yb	$\times 10^{-6}$	2.63	2.69	2.02
$Mg^\#$	%	24	42	43	Lu	$\times 10^{-6}$	0.41	0.41	0.32
Li	$\times 10^{-6}$	11.2	53.2	24.1	Hf	$\times 10^{-6}$	5.15	5.77	4.02
Be	$\times 10^{-6}$	1.54	2.63	1.57	Ta	$\times 10^{-6}$	0.39	0.63	0.56
P	$\times 10^{-6}$	1537	569	814	W	$\times 10^{-6}$	4.26	1.21	0.90
Sc	$\times 10^{-6}$	19.5	20.2	19.7	Tl	$\times 10^{-6}$	0.17	0.60	0.51
Ti	$\times 10^{-6}$	7371	5432	4426	Pb	$\times 10^{-6}$	24.0	34.7	27.8
V	$\times 10^{-6}$	119	146	143	Th	$\times 10^{-6}$	8.61	13.52	12.85
Mn	$\times 10^{-6}$	863	456	566	U	$\times 10^{-6}$	2.31	2.47	2.38
Co	$\times 10^{-6}$	11.3	27.7	16.5	ΣREE	$\times 10^{-6}$	144.4	237.8	138.9
Ni	$\times 10^{-6}$	2.24	55.38	46.96	$\Sigma REE+Y$	$\times 10^{-6}$	172.7	268.1	159.0

续表 2.7

指标	单位	W-8	W-11	W-9	指标	单位	W-8	W-11	W-9
		沉凝灰岩	安山岩	安山岩			沉凝灰岩	安山岩	安山岩
Cu	$\times 10^{-6}$	26.1	166.5	147.1	LREE	$\times 10^{-6}$	126.0	216.9	125.0
Ga	$\times 10^{-6}$	18.2	23.6	19.7	HREE	$\times 10^{-6}$	18.76	21.32	14.21
Rb	$\times 10^{-6}$	59.0	106.5	104.7	LREE/HREE		6.72	10.17	8.80
Sr	$\times 10^{-6}$	481	284	291	$(La/Yb)_N$		7.53	13.49	10.34
Y	$\times 10^{-6}$	28.3	30.3	20.1	δEu		0.86	0.69	0.75
Zr	$\times 10^{-6}$	185	226	143					

注:$Mg^{\#}=100\times(MgO/40.3044)/(MgO/40.3044+FeO_T/71.844)$;$\Sigma REE=La+Ce+Pr+Nd+Sm+Eu+Gd+Tb+Dy+Ho+Er+Tm+Yb+Lu$;$\delta Eu=2Eu_N/(Sm_N+Gd_N)$;$\delta Ce=2Ce_N/(La_N+Pr_N)$。

毕力赫金矿容矿围岩 SiO_2 含量介于 58.73%~61.43%之间(平均值为 59.85%),Al_2O_3 含量介于 15.36%~18.43%之间(平均值为 16.89%),碱含量 K_2O+Na_2O 含量介于 6.21%~6.88%之间(平均值为 6.47%),TiO_2 含量介于 0.77%~1.23%之间(平均值为 0.96%),CaO 含量介于 2.19%~4.49%之间(平均值为 3.36%),MgO 含量介于 1.18%~3.17%之间(平均值为 2.36%),全 Fe_2O_3 含量介于 7.14%~8.79%(平均值为 7.80%)之间。K_2O/Na_2O 为 0.31~0.73(平均值为 0.58%)。在火山岩分类图解上样品落于安山岩与玄武粗面安山岩之间[图 2.17(A)],在 K_2O-SiO_2 图解上样品落于高钾钙碱性岩石系列附近[图 2.17(B)]。

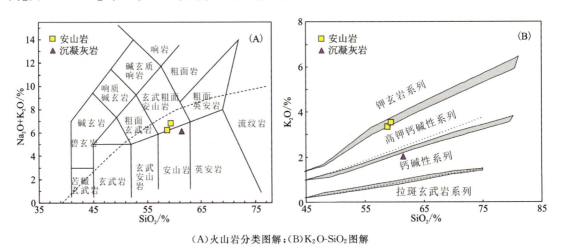

(A)火山岩分类图解;(B)K_2O-SiO_2 图解

图 2.17 毕力赫金矿容矿围岩主量元素图解

毕力赫金矿容矿围岩稀土元素在球粒陨石标准化图谱上呈右倾型,具有负的 Eu 异常[图 2.18(A)]。稀土$\Sigma REE+Y$ 含量为 159.0×10^{-6}~268.1×10^{-6}(平均值为 199.9×10^{-6}),LREE/HREE 为 6.72×10^{-6}~10.17×10^{-6},$(La/Yb)_N$ 和 δEu 分别为 7.53~13.49 和 0.69~0.86。原始地幔标准化微量元素蛛网图上表现为富集 Rb、K、U、Th、Pb,亏损 Nd、Ta、Ti,以及 Hf 的正异常[图 2.18(B)]。

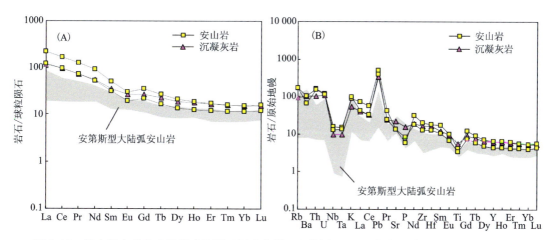

图 2.18 毕力赫金矿容矿围岩球粒陨石标准化稀土配分图(A)和地幔标准化微量元素蛛网图(B)

注:标准化值据 Sun and Mcdonough,1989;安第斯型大陆弧安山岩数据据文献 Villagómez et al.,2011。

2.3.3 同位素地质年代学及地球化学

1. 样品

采集 1 件额里图组容矿围岩沉凝灰岩露头样品 W-8 进行碎屑锆石 U-Pb 定年及 Hf 同位素分析。分析方法见附录。

2. 同位素年代学

额里图组沉凝灰岩(W-8)锆石样品内部结构变化多样(图 2.19)。大部分锆石发育振荡环带[如图 2.19(A)颗粒 11 和 12,图 2.19(B)颗粒 7,图 2.19(C)颗粒 10],为岩浆成因;一些

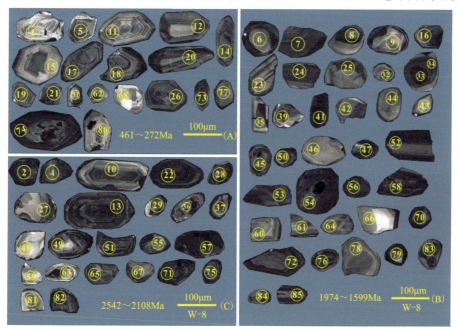

图 2.19 毕力赫金矿容矿围岩碎屑锆石阴极发光图像及测点位置

锆石具扇形结构[如图2.19(A)中的颗粒68,图2.19(B)中的颗粒44和66],具有变质锆石的结构特征,其中有些锆石边部发现熔蚀或重结晶现象[如图2.19(B)中的颗粒6];一些岩浆锆石包裹核部锆石[如图2.19(A)中的颗粒31,图2.19(C)中的颗粒36],为继承或捕获锆石。

在排除含有包体和存在裂纹的锆石后,对样品中锆石随机进行了 LA-ICP-MS 定年,共分析85个数据点,测点的U/Pb同位素组成和年龄计算结果见表2.8。由 $^{206}Pb/^{238}U$-$^{207}Pb/^{235}U$ 谐和图可知[图2.20(B)],多数测点基本落在谐和线上,呈现出良好的谐和性,分布在谐和线之下的测点可能是 Pb 丢失所致。

在利用测年结果讨论问题时,考虑到锆石年龄的准确性,首先剔除谐和度小于90%的年龄数据,对于年轻锆石(小于1000Ma)采用 $^{206}Pb/^{238}U$ 年龄,古老锆石(大于1000Ma)多存在着一定程度的铅丢失,采用更为可靠的 $^{207}Pb/^{206}Pb$ 年龄(Blank et al.,2003;马铭株等,2014)。根据以上原则获得有效数据80个,这些数据符合年龄分布统计的要求(Andersen,2005;Vermeesch,2004)。样品的年龄分布如图2.20(A)所示,主要包括2550~2250Ma、1950~1700Ma 和 500~275Ma 这 3 个峰值区间,其中 2550~2250Ma 区间内包含主要峰值(2500Ma)和次要峰值(2423Ma),1950~1700Ma 区间内包含主要峰值(1880Ma)和次要峰值(1800Ma),500~275Ma 区间内包含310Ma 和 275Ma 两个主要峰值以及438Ma 和375Ma 两个次要峰值,另外在2107Ma(W-8-37)和1599Ma(W-8-52)处分别存在一个弱的峰值。3个峰值区间锆石的 U 含量分别介于 $99×10^{-6}$~$838×10^{-6}$(平均值为 $350×10^{-6}$)、$25×10^{-6}$~$2497×10^{-6}$(平均值为 $329×10^{-6}$)和 $81×10^{-6}$~$564×10^{-6}$(平均值为 $263×10^{-6}$)之间;Th 含量分别介于 $62×10^{-6}$~$667×10^{-6}$(平均值为 $256×10^{-6}$)、$19×10^{-6}$~$311×10^{-6}$(平均值为 $110×10^{-6}$)和 $35×10^{-6}$~$644×10^{-6}$(平均值为 $172×10^{-6}$)之间;Pb 含量分别介于 $251×10^{-6}$~$2069×10^{-6}$(平均值为 $842×10^{-6}$)、$25×10^{-6}$~$3729×10^{-6}$(平均值为 $527×10^{-6}$)和 $20×10^{-6}$~$440×10^{-6}$(平均值为 $84×10^{-6}$)之间;Th/U 值分别介于 0.27~1.1(平均值为0.72)、0.10~1.2(平均值为 0.43)、0.11~1.2(平均值为 0.68)之间(表2.8)。

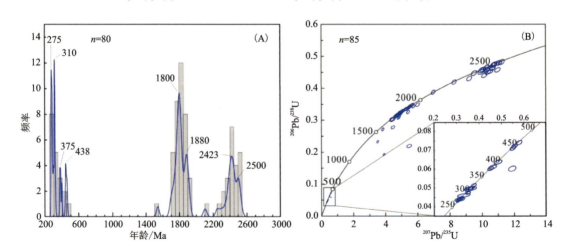

图 2.20 毕力赫金矿容矿围岩碎屑锆石年龄频谱图(A)和
毕力赫金矿容矿围岩碎屑锆石 $^{206}Pb/^{238}U$-$^{207}Pb/^{235}U$ 谐和线图(B)

第2章 毕力赫金矿及成矿岩体

表2.8 毕力赫金矿矿容矿围岩(W-8)锆石 LA-ICP-MS U-Pb 同位素分析结果

点号	含量/×10⁻⁶			Th/U	比值						年龄/Ma						谐和度/%
	U	Th	Pb		$^{207}Pb/^{235}U$	1σ	$^{206}Pb/^{238}U$	1σ	$^{207}Pb/^{206}Pb$	1σ	$^{207}Pb/^{235}U$	1σ	$^{206}Pb/^{238}U$	1σ	$^{207}Pb/^{206}Pb$	1σ	
1	94.5	95.3	25.9	1.01	0.3500	0.0072	0.0473	0.0005	0.0536	0.0015	304.7	5.4	298.1	3.1	354.8	61.3	98
2	388	154	933	0.40	10.9778	0.1155	0.4573	0.0046	0.1741	0.0037	2521.3	9.8	2427.8	20.2	2597.2	34.6	96
4	288	205	705	0.71	10.7326	0.1133	0.4740	0.0047	0.1642	0.0035	2500.3	3.8	2501.0	20.7	2499.5	34.9	100
5	416	283	103	0.68	0.3619	0.0057	0.0498	0.0005	0.0528	0.0013	313.7	4.2	313.0	3.2	317.9	53.8	100
6	172	163	307	0.95	5.2365	0.0583	0.3339	0.0031	0.1137	0.0024	1858.6	9.5	1857.4	16.3	1859.7	38.0	100
7	417	63.2	632	0.15	4.8570	0.0525	0.3116	0.0031	0.1130	0.0022	1794.8	9.0	1748.5	15.4	1848.8	37.6	97
8	247	87.6	406	0.35	5.6442	0.0665	0.3474	0.0034	0.1178	0.0025	1922.9	10.2	1922.3	17.1	1923.2	38.2	100
9	221	71.0	366	0.32	5.4531	0.0617	0.3412	0.0033	0.1159	0.0025	1893.2	9.7	1892.2	16.7	1894.1	37.9	100
10	486	299	1233	0.62	10.9582	0.1170	0.4780	0.0048	0.1662	0.0033	2519.6	9.9	2518.6	21.0	2520.1	34.9	100
11	118	79.8	30.0	0.68	0.3607	0.0179	0.0495	0.0008	0.0528	0.0025	312.7	13.4	311.5	4.7	321.7	117.4	100
12	291	112	57.6	0.39	0.3760	0.0077	0.0514	0.0006	0.0530	0.0015	324.1	5.7	323.3	3.4	329.7	61.2	100
13	838	496	2069	0.59	10.5354	0.1128	0.4528	0.0046	0.1687	0.0035	2483.0	9.9	2407.8	20.3	2544.9	34.7	97
14	217	144	52.8	0.66	0.3618	0.0077	0.0498	0.0005	0.0527	0.0015	313.5	5.7	313.4	3.3	313.8	62.6	100
15	80.7	61.0	19.6	0.76	0.3610	0.0115	0.0498	0.0006	0.0525	0.0020	313.0	8.6	313.4	3.7	309.0	82.2	100
16	277	148	433	0.53	4.8130	0.0586	0.3073	0.0032	0.1136	0.0025	1787.2	10.2	1727.2	15.8	1857.5	38.8	97
17	170	89.1	60.1	0.52	0.5792	0.0087	0.0741	0.0008	0.0567	0.0013	463.9	5.6	460.7	4.6	478.9	51.5	99
18	237	116	83.1	0.49	0.5584	0.0084	0.0722	0.0008	0.0561	0.0013	450.5	5.5	449.5	4.5	454.6	51.5	100
19	148	105	44.3	0.71	0.4604	0.0116	0.0611	0.0007	0.0546	0.0017	384.5	8.0	382.4	4.3	396.7	67.7	99
20	211	152	43.2	0.72	0.3161	0.0083	0.0449	0.0007	0.0519	0.0017	278.9	6.4	278.8	3.2	279.3	72.3	100
21	564	207	111	0.37	0.3216	0.0050	0.0449	0.0005	0.0520	0.0012	283.1	3.8	282.9	2.9	284.8	53.6	100

续表2.8

点号	含量/×10⁻⁶ U	Th	Pb	Th/U	比值 $^{207}Pb/^{235}U$	1σ	$^{206}Pb/^{238}U$	1σ	$^{207}Pb/^{206}Pb$	1σ	年龄/Ma $^{207}Pb/^{235}U$	1σ	$^{206}Pb/^{238}U$	1σ	$^{207}Pb/^{206}Pb$	1σ	谐和度/%
22	782	668	1543	0.85	10.3672	0.1145	0.4499	0.0046	0.1671	0.0035	2468.1	10.2	2395.0	20.5	2528.6	35.0	98
23	172	69.7	281	0.41	5.4055	0.0721	0.3379	0.0037	0.1160	0.0026	1885.7	11.4	1876.4	17.6	1895.6	39.6	100
24	251	132	411	0.53	5.7277	0.0627	0.3432	0.0035	0.1210	0.0026	1935.6	9.5	1902.2	16.8	1971.1	37.0	98
25	243	140	384	0.58	5.0087	0.0596	0.3249	0.0034	0.1118	0.0024	1820.8	10.1	1813.8	16.5	1828.5	38.5	100
26	230	194	68.4	0.85	0.4509	0.0086	0.0603	0.0007	0.0542	0.0014	377.9	6.0	377.4	4.0	380.5	58.0	100
27	218	164	544	0.75	10.6543	0.1208	0.4632	0.0048	0.1668	0.0035	2493.4	10.5	2453.5	21.2	2525.9	35.1	98
28	509	530	1183	1.04	10.1470	0.1133	0.4400	0.0046	0.1672	0.0035	2448.3	10.3	2350.5	20.4	2530.2	35.0	96
29	391	105	923	0.27	10.6639	0.1150	0.4621	0.0047	0.1673	0.0035	2494.3	10.0	2448.8	20.8	2531.2	34.7	98
30	322	35.3	440	0.11	0.3315	0.0187	0.0460	0.0007	0.0522	0.0031	290.7	14.2	290.2	4.1	294.5	131.5	100
32	183	43.9	301	0.24	5.0891	0.0700	0.3288	0.0033	0.1123	0.0025	1834.3	11.7	1832.5	16.0	1836.1	41.4	100
33	239	94.8	389	0.40	4.9118	0.0827	0.3223	0.0036	0.1105	0.0028	1804.3	14.2	1801.1	17.4	1807.7	44.8	100
34	217	94.9	347	0.44	4.4009	0.0911	0.3030	0.0037	0.1053	0.0021	1712.5	17.3	1706.1	18.4	1719.9	50.0	100
35	219	90.6	339	0.41	4.4339	0.1150	0.3022	0.0043	0.1064	0.0022	1718.7	21.5	1702.1	21.3	1738.8	56.8	99
36	280	210	747	0.75	10.7680	0.1145	0.4747	0.0045	0.1645	0.0033	2503.3	9.9	2504.3	19.5	2502.3	35.1	100
37	271	135	535	0.50	6.9718	0.0806	0.3876	0.0044	0.1300	0.0026	2107.8	10.3	2111.8	20.5	2103.9	34.7	100
39	267	81.2	422	0.30	4.9108	0.0562	0.3238	0.0037	0.1100	0.0021	1804.1	9.7	1808.7	17.9	1799.2	35.9	100
41	2497	259	3729	0.10	4.6648	0.0522	0.3144	0.0035	0.1076	0.0022	1760.9	9.4	1762.3	17.3	1759.2	35.8	100
42	165	74.2	265	0.45	4.8793	0.0587	0.3207	0.0037	0.1104	0.0022	1798.7	10.1	1793.0	17.9	1805.1	36.5	100
43	138	166	243	1.21	5.0211	0.0601	0.3277	0.0037	0.1113	0.0023	1822.9	10.1	1824.6	18.1	1820.7	36.4	100
44	187	69.5	302	0.37	5.0406	0.0580	0.3278	0.0037	0.1115	0.0022	1826.2	9.7	1827.5	18.0	1824.4	35.9	100
45	262	192	473	0.73	5.9889	0.0766	0.3485	0.0041	0.1246	0.0026	1974.2	11.1	1927.2	19.4	2023.6	36.4	98

第 2 章 毕力赫金矿及成矿岩体

续表 2.8

点号	含量/×10⁻⁶			Th/U	比值						年龄/Ma					谐和度/%
	U	Th	Pb		$^{207}Pb/^{235}U$	1σ	$^{206}Pb/^{238}U$	1σ	$^{207}Pb/^{206}Pb$	1σ	$^{207}Pb/^{235}U$	1σ	$^{206}Pb/^{238}U$	1σ	$^{207}Pb/^{206}Pb$	1σ	
46	145	76.0	229	0.52	4.7105	0.0580	0.3161	0.0036	0.1081	0.0022	1769.1	10.3	1770.4	17.7	1767.2	37.1	100
47	575	118	914	0.21	5.0691	0.0571	0.3284	0.0037	0.1119	0.0022	1831.0	9.6	1830.5	17.9	1831.1	35.7	100
48	99.0	67.9	251	0.69	10.7355	0.1325	0.4725	0.0055	0.1648	0.0034	2500.5	11.5	2494.5	24.0	2505.1	34.1	100
49	270	226	647	0.84	9.5135	0.1146	0.4473	0.0051	0.1542	0.0031	2388.8	11.1	2383.0	22.8	2393.5	34.2	100
50	336	228	544	0.68	4.7734	0.0546	0.3180	0.0036	0.1089	0.0022	1780.2	9.6	1779.8	17.4	1780.2	36.2	100
51	456	511	1052	1.12	9.2091	0.1059	0.4302	0.0049	0.1555	0.0031	2359.0	10.5	2306.7	21.8	2404.2	33.7	98
52	306	129	414	0.42	3.8286	0.0515	0.2709	0.0031	0.1025	0.0023	1598.8	10.8	1545.3	15.9	1669.5	38.9	97
53	474	53.6	772	0.11	5.4140	0.0605	0.3383	0.0038	0.1161	0.0022	1887.1	9.6	1878.4	18.1	1896.5	35.4	100
54	233	95.2	367	0.41	4.8079	0.0556	0.3194	0.0036	0.1091	0.0022	1786.3	9.7	1786.8	17.5	1785.1	36.3	100
55	287	273	725	0.95	10.2933	0.1150	0.4653	0.0052	0.1604	0.0032	2461.5	10.3	2462.7	22.8	2460.0	33.3	100
56	553	128	877	0.23	5.0167	0.0558	0.3263	0.0036	0.1115	0.0022	1822.1	9.4	1820.3	17.6	1823.8	35.7	100
57	284	188	691	0.66	9.9742	0.1117	0.4572	0.0051	0.1582	0.0032	2432.4	10.3	2426.3	22.5	2437.0	33.5	100
58	493	168	832	0.34	5.5022	0.0613	0.3423	0.0038	0.1166	0.0023	1900.9	9.6	1897.5	18.2	1904.1	35.4	100
59	107	74.8	266	0.70	10.2739	0.1186	0.4640	0.0052	0.1605	0.0033	2459.8	10.7	2457.1	22.9	2461.4	35.7	100
60	155	75.6	250	0.49	4.8750	0.0563	0.3212	0.0036	0.1100	0.0022	1797.9	9.7	1795.7	17.5	1799.9	36.3	100
61	168	112	278	0.67	4.8626	0.0558	0.3226	0.0036	0.1093	0.0022	1795.8	9.7	1802.5	17.5	1787.3	36.4	100

3. 锆石 Hf 同位素特征

锆石 Hf 同位素分析结果见表 2.9。沉凝灰岩样品 W-8 碎屑锆石,根据年龄分为 3 个组(图 2.21),第一组 2550～2250Ma,$^{176}Lu/^{177}Hf$ 和 $^{176}Hf/^{177}Hf$ 值分别为 0.000 626～0.001 260 和 0.281 303～0.281 363,计算的 $\varepsilon_{Hf}(t)$ 值为 2.0～4.6,$f_{Lu/Hf}$ 为 -0.98～-0.96,二阶段模式年龄(T_{DM2})为 2843～2736Ma,平均为 2794Ma;第二组 1950～1700Ma,$^{176}Lu/^{177}Hf$ 和 $^{176}Hf/^{177}Hf$ 值分别为 0.000 237～0.001 490 和 0.281 585～0.281 605,计算的 $\varepsilon_{Hf}(t)$ 值为 -2.9～-0.2,$f_{Lu/Hf}$ 为 -0.99～-0.96,二阶段模式年龄(T_{DM2})为 2648～2556Ma,平均为 2602Ma;第三组 500～275Ma,Hf 同位素分析结果显示 $^{176}Lu/^{177}Hf$ 和 $^{176}Hf/^{177}Hf$ 值分别为 0.000 470～0.001 855 和 0.282 057～0.282 431,计算的 $\varepsilon_{Hf}(t)$ 值变化范围较大 -17.2～-4.6,$f_{Lu/Hf}$ 为 -0.99～-0.94,二阶段模式年龄(T_{DM2})为 2496～1685Ma,平均为 2012Ma。

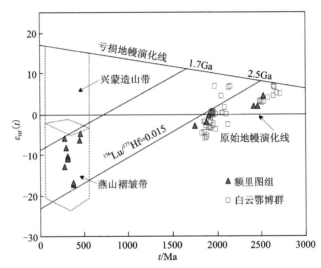

图 2.21 容矿围岩额里图组锆石 $\varepsilon_{Hf}(t)$ 与 U-Pb 年龄相关图解(据 Griffin et al.,2000)

注:亏损地幔 $^{176}Lu/^{177}Hf=0.038\ 4$;$^{176}Hf/^{177}Hf=0.283\ 25$;兴蒙造山带和燕山褶皱带范围据 Yang 等(2006);白云鄂博群据马铭株(2014)。

2.3.4 火山岩成因

本书获得沉凝灰岩(W-8)碎屑锆石的最小年龄为 275Ma,而该组火山岩地层又被年龄为 268Ma 的毕力赫成矿岩体侵入,说明额里图组火山沉积岩形成于 275～268Ma 之间。

出露于毕力赫一带的额里图组沉凝灰岩中获得碎屑锆石的 U-Pb 年龄分为 3 个阶段 3353～2276Ma、1950～1700Ma 以及 450～275Ma(图 2.20)。其中,前两个年龄段碎屑锆石应来源于华北克拉通北缘。华北克拉通主要生长期为 2.9～2.7Ga,在 2.6～2.5Ga 和 1.9～1.7Ga 发生了两次重大的构造热事件(彭澎和翟明国,2002)。2.5Ga 为华北地壳的一次快速生长时期,广泛发育构造岩浆热事件,如内蒙古固阳的高镁闪长岩(2.56Ga)和角闪花岗岩(2.52Ga;简平等,2005)、冀北单塔子英云闪长岩(刘树文等,2007)等。约 1.8Ga 时期,华北克拉通进入伸展构造体制,基底抬升产生裂陷槽,出现基性岩墙群和非造山岩浆活动(翟明国

第 2 章 毕力赫金矿及成矿岩体

表 2.9 毕力赫容矿围岩(W-8)锆石 Lu-Hf 同位素组成

点号	年龄/Ma	^{176}Yb/^{177}Hf	1σ	^{176}Lu/^{177}Hf	1σ	^{176}Hf/^{177}Hf	1σ	$\varepsilon_{Hf}(0)$	$\varepsilon_{Hf}(t)$	T_{DM1}/Ma	T_{DM2}/Ma	$f_{Lu/Hf}$
01	298	0.021 682	0.000 028	0.000 935	0.000 001	0.282 361	0.000 008	−14.5	−8.2	1257	1833	−0.97
05	313	0.038 013	0.000 152	0.001 749	0.000 006	0.282 277	0.000 008	−17.5	−11.0	1405	2024	−0.95
07	1747	0.007 073	0.000 061	0.000 237	0.000 002	0.281 599	0.000 006	−41.5	−2.9	2271	2602	−0.99
10	2519	0.014 742	0.000 076	0.000 649	0.000 003	0.281 335	0.000 006	−50.8	4.6	2653	2736	−0.98
13	2408	0.028 978	0.000 238	0.001 260	0.000 010	0.281 363	0.000 007	−49.8	2.1	2657	2804	−0.96
14	313	0.036 609	0.000 073	0.001 655	0.000 003	0.282 295	0.000 005	−16.9	−10.4	1376	1983	−0.95
15	313	0.013 850	0.000 066	0.000 563	0.000 003	0.282 277	0.000 006	−17.5	−10.8	1362	2009	−0.98
17	461	0.023 092	0.000 071	0.001 105	0.000 003	0.282 364	0.000 006	−14.4	−4.6	1259	1733	−0.97
18	450	0.009 645	0.000 057	0.000 470	0.000 003	0.282 314	0.000 005	−16.2	−6.5	1307	1839	−0.99
19	382	0.018 934	0.000 020	0.000 797	0.000 001	0.282 065	0.000 006	−25.0	−16.8	1663	2441	−0.98
20	279	0.045 305	0.000 514	0.001 855	0.000 020	0.282 248	0.000 006	−18.5	−12.8	1450	2108	−0.94
21	283	0.018 810	0.000 086	0.000 810	0.000 004	0.282 431	0.000 008	−12.1	−6.0	1156	1685	−0.98
23	1876	0.040 217	0.000 288	0.001 490	0.000 010	0.281 585	0.000 006	−42.0	−2.0	2366	2648	−0.96
24	1902	0.028 150	0.000 212	0.001 056	0.000 008	0.281 605	0.000 006	−41.3	−0.2	2312	2556	−0.97
26	377	0.018 885	0.000 047	0.000 836	0.000 002	0.282 057	0.000 006	−25.3	−17.2	1676	2463	−0.97
27	2454	0.014 898	0.000 051	0.000 626	0.000 002	0.281 303	0.000 006	−51.9	2.0	2695	2843	−0.98

注:$\varepsilon_{Hf}(0) = \{[(^{176}Hf/^{177}Hf)_S/(^{176}Hf/^{177}Hf)_{CHUR,0}] - 1\} \times 10\ 000$;$\varepsilon_{Hf}(t) = \{[(^{176}Hf/^{177}Hf)_S - (^{176}Lu/^{177}Hf)_S \times (e^{\lambda t} - 1)]/[(^{176}Hf/^{177}Hf)_{CHUR,0} - (^{176}Lu/^{177}Hf)_{CHUR} \times (e^{\lambda t} - 1)]\} \times 10\ 000$;$t = $样品形成年龄;$\lambda = 1.867 \times 10^{-11}\ a^{-1}$(据 Scherer et al.,2001);$T_{DM1} = (1/\lambda) \times \ln\{1 + [(^{176}Hf/^{177}Hf)_S - (^{176}Hf/^{177}Hf)_{DM}]/[(^{176}Lu/^{177}Hf)_S - (^{176}Lu/^{177}Hf)_{DM}]\}$;$T_{DM2} = T_{DM1} - (T_{DM1} - t) \times [(f_{LC} - f_S)/(f_{CC} - f_{DM})]$;$f_{Lu/Hf} = (^{176}Lu/^{177}Hf)_S/(^{176}Lu/^{177}Hf)_{CHUR} - 1$;$f_{CC} = (^{176}Lu/^{177}Hf)_{CC}/(^{176}Lu/^{177}Hf)_{CHUR} - 1$;$f_{DM} = (^{176}Lu/^{177}Hf)_{DM}/(^{176}Lu/^{177}Hf)_{CHUR} - 1$;$(^{176}Hf/^{177}Hf)_{CHUR,0} = 0.282\ 772$(据 Blichert-Toft and Albarède F,1997);$(^{176}Lu/^{177}Hf)_{CHUR} = 0.033\ 2$,$(^{176}Hf/^{177}Hf)_{DM} = 0.038\ 4$,$(^{176}Lu/^{177}Hf)_{DM} = 0.283\ 25$(据 Griffin et al.,2000);$(^{176}Lu/^{177}Hf)_{CC} = 0.015$(据 Amelin et al.,1999);$(^{176}Hf/^{177}Hf)_S$ 和 $(^{176}Lu/^{177}Hf)_S$ 为样品测定值;f_S、f_{CC} 和 f_{DM} 分别为样品、大陆地壳和亏损地幔的 $f_{Lu/Hf}$。

和彭澎,2007;董春艳等,2011),在华北北缘发育渣尔泰群和白云鄂博群裂谷沉积建造及其相关的岩浆事件(翟明国和彭澎,2007;朱俊宾,2015)。这两期构造热事件在华北克拉通北缘发育,而在兴蒙造山带却没有任何发现。额里图组 3353~2276Ma、1950~1700Ma 两个年龄段的碎屑锆石对应华北板块内岩浆活动的两个主要特征峰 2.5Ga 和 1.85Ga,加之其与白云鄂博群相似的对应华北克拉通主要生长期的 Hf 同位模式年龄 2.9~2.7Ga(图 2.21;王挽琼,2014),说明这两个年龄段碎屑锆石来源于南部的华北克拉通边缘而非北部的兴蒙造山带。

对于 450~275Ma 年龄段的岩浆作用在华北板块北缘和兴蒙造山带均有记录,所以利用 U-Pb 年龄区分物源有一定局限性。然而兴蒙造山带和华北板块北缘在锆石 Hf 同位素方面具有一定的区分度。兴蒙造山带岩浆作用以新生地壳物质为主,以具有正的 $\varepsilon_{Hf}(t)$ 为特征,模式年龄小于 1Ga,而华北北缘自显生宙以来的岩浆则以古老地壳重熔为主,多具有负的 $\varepsilon_{Hf}(t)$ 以及大于 1Ga 的模式年龄(任邦方等,2012;刘建峰等,2013)。毕力赫地区额里图组沉凝灰岩 450~275Ma 这年龄段的碎屑锆石全部具有负的 $\varepsilon_{Hf}(t)$ 值以及高的模式年龄(T_{DM2}),具有与华北克拉通北缘岩浆岩一致的特征,说明其物源来自华北克拉通北缘。另外,兴蒙造山带中普遍存在 900~700Ma 这一阶段的岩浆作用(彭润民等,2010;程胜东等,2014),而华北板块则没有该阶段岩浆作用的记录,沉凝灰岩中缺少这一阶段的锆石,进一步说明额里图组沉凝灰岩仅接受了来自华北克拉通北缘的沉积组分。可以猜想,在成岩时期,物质的输送方向是远离华北板块的,二叠世早中期,白乃庙晚古生代弧增生杂岩带以北地区可能仍然存在着一定规模的洋盆(王博,2015),阻隔了来自兴蒙造山带内部的沉积物。由微量元素蛛网图可知,额里图组安山岩显示出与安第斯型大陆边缘弧一致的特征(图 2.18),并且在构造判别图解中(图 2.22)样品落入弧火山岩区域内,也支持这一结论。

综上所述,额里图组火山沉积岩形成于大陆边缘弧环境下的火山喷发作用。

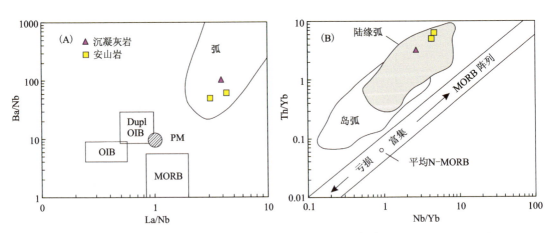

(A)Ba/Nb-La/Nb 图解(据 Jahn et al.,1999);(B)Th/Yb-Nb/Yb 图解(据 Pearce and Peate,1995);
OIB-洋岛玄武岩;Dupl OIB-同位素异常洋岛弧玄武岩;MORB-洋中脊玄武岩;PM-原始地幔

图 2.22 毕力赫金矿容矿围岩大地构造判别图解

2.4 白乃庙早古生代弧增生杂岩带构造背景

中亚造山带是世界最大的增生型造山带之一,形成于古亚洲洋的长期演化及其南北两侧三大板块(西伯利亚板块、华北板块、塔里木板块)的碰撞拼贴。关于古亚洲洋闭合时间,前人进行了大量研究,提出众多观点,时间涵盖晚志留世—早三叠世[详见 Zhang 和 Li(2014)的论文及其引文]。近 10 年来,随着地质年代学的发展,大量火成岩得以确定时代归属,越来越多的学者开始倾向于接受古亚洲洋闭合于晚二叠世—早三叠世的观点(Xiao et al.,2003;陈衍景等,2009b;Jian et al.,2010;Wu et al.,2011a;Liu et al.,2017)。本书对毕力赫岩体浅部和深部两件钻孔样品的锆石 LA-ICP-MS U-Pb 定年分析结果为(268.1±1.8)Ma 和(267.7±4.1)Ma,误差范围内一致,这与郝百武(2011)结论一致[锆石 U-Pb 年龄为(269±2.5)Ma],但晚于路彦明等(2012)报道的岩体年龄结果(锆石 LA-ICP-MS U-Pb 年龄为 283.8～279.9Ma)。岩体年龄较好的一致性表明其形成于早中二叠世。通过对毕力赫花岗闪长岩的元素地球化学和 Sr-Nd-Hf 同位素地球化学特征进行研究讨论(参见 2.3.3 小节),认为毕力赫岩体形成于大陆边缘弧环境下,指示古亚洲洋在早中二叠纪时期可能仍然存在向南的俯冲,其时间闭合晚于 268Ma,支持索伦缝合带形成于晚二叠世—早三叠世时期的观点。

这一观点也得到了其余大量沿索伦缝合带南侧发育的晚石炭世—早二叠世花岗岩类和火山岩地球化学性质研究的支持(图 2.23)。统计发现,沿索伦缝合带南侧发育大量晚石炭世—早二叠世岩浆岩,例如:白乃庙出露的晚石炭世至早二叠世花岗岩 331～264Ma(n=5;柳长峰,2010);苏尼特右旗—镶黄旗一带出露的额里图组火山岩(277～275Ma;n=2;王挽琼,2014)和本巴图组火山岩(323～300Ma;n=4;潘世语,2012),以及索伦山地区发育的蛇绿岩套辉长岩(284Ma)及斜长花岗岩(288Ma;Jian et al.,2010)等。这些岩浆岩指示索伦缝合带南侧在晚石炭世—早二叠世期间为一个构造运动岩浆活跃期(图 2.24)。同时,本书对这些岩浆岩中的花岗岩类和安山岩类的年龄和地球化学数据进行了统计,发现这些岩体大多具有富集大离子亲石元素、亏损高场强元素(Nb 和 Ta)的特征,类似于安第斯型弧岩浆岩[图 2.24、图 2.25(A)、图 2.25(B);Villagómez et al.,2011],在构造判别图解上,大多数分别落于弧花岗岩和弧安山岩区域[图 2.9、图 2.25(C)、图 2.25(D)]。因此,本书认为华北克拉通南缘在晚石炭世—早二叠世期间经历了古亚洲洋板片向南的长期俯冲。

Bazhenov 等(2016)通过对蒙古板块与西伯利亚和华北板块的古地磁进行对比研究,认为二叠纪至早中生代期间西伯利亚与华北板块之间未形成大规模的造山带;李朋武(2006)对华北板块和西伯利亚板块的古地磁数据分析认为,二叠纪期间,西伯利亚板块开始快速向南运移,而华北板块缓慢向北漂移,直至二叠纪末(～250Ma),华北和西伯利亚板块发生碰撞,其间的中亚洋盆闭合。

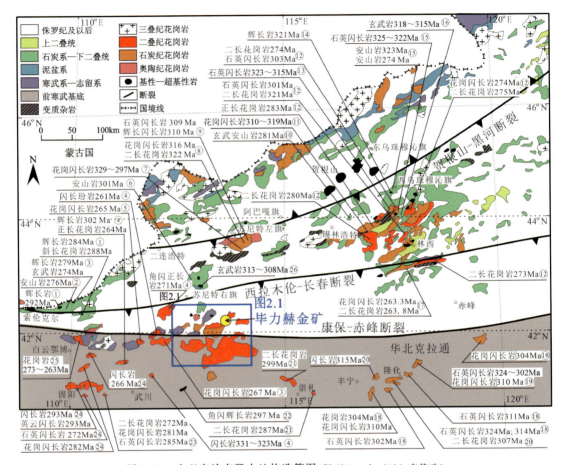

图 2.23 大兴安岭南段大地构造简图(据 Shi et al.,2016,有修改)

注:①表示数据来源于 Jian 等(2010);②表示数据来源于许立权(2005);③表示数据来源于范宏瑞等(2009);④表示数据来源于柳长峰(2010);⑤表示数据来源于章永梅等(2009);⑥表示数据来源于潘世语(2012);⑦表示数据来源于 Shi 等(2016);⑧表示数据来源于 Hu 等(2015);⑨表示数据来源于 Chen 等(2000);⑩表示数据来源于 Zhang 等(2008);⑪表示数据来源于薛怀民等(2010);⑫表示数据来源于 Wu 等(2011);⑬表示数据来源于鲍庆中等(2007);⑭表示数据来源于马士委(2013);⑮表示数据来源于刘建峰(2009);⑯表示数据来源于 Liu 等(2013);⑰表示数据来源于江小均等(2011);⑱表示数据来源于 Zhang 等(2009);⑲表示数据来源于 Zhang 等(2007);⑳表示数据来源于凤永刚等(2009);㉑表示数据来源于王芳等(2009);㉒表示数据来源于王挽琼(2014);㉓表示数据来源于赵庆英(2010);㉔表示数据来源于张维和简平(2012);㉕表示数据来源于曾俊杰等(2008);㉖表示数据来源于汤文豪等(2011)。

第 2 章 毕力赫金矿及成矿岩体

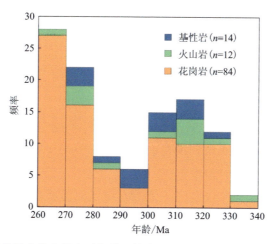

图 2.24 索伦缝合带南侧晚石炭世—早中二叠世火成岩年龄频率分布直方图

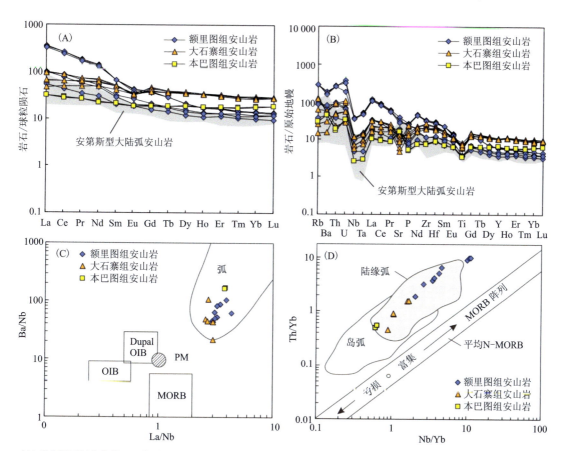

(A)球粒陨石标准化稀土配分图;(B)地幔标准化微量元素蛛网图;(C)Ba/Nb-La/Nb 构造判别图解(底图据 Jahn et al.,1999);(D)Th/Yb-Nb/Yb 构造判别图解(底图据 Pearce and Peate,1995)。OIB-洋岛玄武岩;Dupl OIB-同位素异常洋岛弧玄武岩;MORB-洋中脊玄武岩;PM-原始地幔

图 2.25 索伦缝合带南侧晚石炭世—早二叠世安山岩微量元素及构造判别图解

注:标准化值据文献 Sun and Mcdonough(1989);安第斯型大陆弧安山岩数据据文献 Villagómez 等(2011);额里图组、本巴图组和大石寨组安山岩数据分别据王挽琼(2014)与本书、刘建峰(2009)和 Zhang 等(2008)。

2.5 金的富集、迁移以及沉淀过程

2.5.1 金的富集

关于毕力赫金矿的成矿类型,多数研究认为其为斑岩型矿床。矿体主要产于成矿岩体内接触带,矿石具有斑岩型矿床典型的网脉状构造和流体从岩浆中出溶形成的单向固结构(UST)而被认为是典型的斑岩阶段矿化(葛良胜等,2009;卿敏等,2011b;Yang et al.,2015)。斑岩型矿床一般以铜矿和钼矿床居多,金一般伴生于斑岩型铜矿中或形成于斑岩系统上部的浅成低温热液矿床中,"单金"斑岩型矿床比较少见。毕力赫金矿具有富金、贫铜、贫硫化物的特征,金矿化位于侵入岩体内外接触带,主要为内接触带。目前矿床探明金属储量达26.6t,品位为2.78×10^{-6},硫化物含量小于2‰(卿敏等,2012)。

富金斑岩型矿床作为斑岩型矿床的一类,自20世纪70年代起逐渐引起了人们的重视。Sillitoe(1979)最早将金品位超过0.4g/t的斑岩型矿床定义为富金斑岩型矿床。Kirkham和Sinclair(1995)与Kesler等(2002)为使富金斑岩矿床的定义更具有科学性,将铜的品位引进至定义之中,指Au(g/t)/Cu(%)>1(Kirkham and Sinclair,1995)或是Cu/Au原子比<400 00(Kesler et al.,2002)的一类斑岩型(铜)金矿床。富金斑岩型矿床根据铜、金的相对含量可分为斑岩型铜金矿床和斑岩型金矿床(Kirkham and Sinclair,1995;Sillitoe,2000)。代表性的斑岩型铜金矿床有印度尼西亚的Grasberg(Mathur et al.,2000;Graham,et al.,2004)、菲律宾的Lepanto(Hedenquist et al.,1998)、巴布新几内亚的Ok Tedi(Van Dongen,et al.,2010)以及中国的福建紫金山(Zhong et al.,2017)和黑龙江多宝山(Zeng et al.,2014;Wu et al.,2015)等;斑岩型金矿床有智利北部的Marte(Vila et al.,1991)、Lobo(Vila et al.,1991)、Refugio(Muntean and Einaudi,2000)以及中国的内蒙古哈达庙(郝百武,2011)、毕力赫(葛良胜等,2009)和黑龙江团结沟(Sun et al.,2013)金矿等。

随着研究的不断深入,矿床学家对富金斑岩型矿床形成的大地构造背景、岩浆性质等问题提出了一些认识(Hedenquist et al.,1998;Sillitoe,2000;Richards,2009,2011)。富金斑岩型矿床主要分布在与俯冲作用相关的火山岩浆弧中,并且可能与地幔岩浆过程有关(Vila et al.,1991;Sillitoe,1991,2000;Richards,2009,2011)。长期的俯冲作用有利于形成富金的斑岩型矿床(Richards,2011)。Richards(2009,2011)认为经过早阶段弧岩浆作用抽取的交代岩石圈地幔再次发生部分熔融时具有极高的R值(R=硅酸盐熔体/硫化物熔体;Campbell and Naldrett,1979),有利于形成富金的熔体。Cu和Au在硫化物/硅酸盐熔体中具有非常高的分配系数,并且铜的分配系数小于金$[D^{Cu}_{sulfide/melt}(10^3) < D^{Au}_{sulfide/melt}(10^5)]$(Peach et al.,1990)。部分熔融时,硅酸盐熔体中的Cu和Au的浓度与R值(R=硅酸盐熔体/硫化物熔体)有关(图2.26;Richards,2009),当R值较低时,熔体中的金属浓度较低,随着R值不断增大,由于Cu的分配系数$[D^{Cu}_{sulfide/melt}(10^3)]$小于Au,Cu在熔体中的浓度首先达到最大($10^3$),$R$值继续增大时,对熔体中Cu的浓度影响不大,而此时Au的浓度则继续增大,直到R值增大到10^5。在早期弧岩浆作用阶段,由于源岩中具有较高的S含量,部分熔融时,熔体具有中等的R值($10^2 \sim 10^5$),

大部分 Cu 会在这一阶段被 S 带走，Au 相比 Cu 能够更多的在残余的硫化物中保留（图 2.26；Richards，2009）；随着弧岩浆作用对 Cu、Au 和 S 的不断提取，每一次熔融的熔体都会比前一次具有更大的 R 值（$\geqslant 10^5$），导致多次部分熔融时，虽然熔体中 Au 和 Cu 的绝对含量可能不断降低，但是熔体的 Au/Cu 值不断升高。

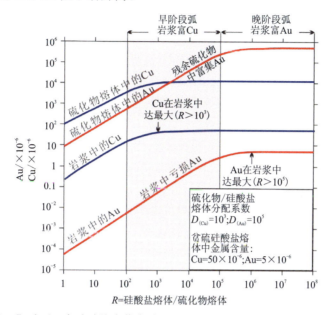

图 2.26　Cu 和 Au 在硅酸盐岩浆中随 R 因子的变化率（据 Richards，2009，有修改）

注：因子较低时（R 在 $10^2 \sim 10^5$ 之间）形成富 Cu 岩浆；R 因子较高时（R 在 $10^2 \sim 10^5$ 之间）形成富 Cu 岩浆。

中亚造山带以古亚洲洋的长期俯冲为特征，大兴安岭南段的俯冲作用持续整个晚石炭世—早二叠世，毕力赫成矿岩体形成于 268Ma，为俯冲作用的晚期。毕力赫金矿具有富 Au 贫 Cu 的特征，可能与早阶段弧岩浆作用过程对 Cu 和 S 的提取有关。早阶段弧岩浆作用过程带走了源区大部分 S、Cu 以及一定量的 Au，仅有少量的 S 以熔体或晶体形式保存于残余物中，当残余物发生多次部分熔融时，最终可能形成具有极高 R 值的熔体，这种熔体非常有利于金的富集，形成相对富金贫铜贫硫化物的初始岩浆（Richards，2009，2011）。

岛弧与陆缘弧环境是形成斑岩型矿床的有利构造环境，大兴安岭南段经历了古亚洲洋的长期俯冲（331～268Ma）是寻找与俯冲有关的斑岩型矿床的最佳构造位置。毕力赫金矿的出现，指示该区在晚古生代期间可能存在相对富金的新生下地壳源区，导致岩浆在经历早阶段对 Cu 和 Au 的抽提作用之后，晚阶段部分熔融仍然能形成大型的富金斑岩型矿床。因此，大兴安岭南段可以寻找到晚石炭世与俯冲有关的斑岩型铜矿床，以及早二叠世与俯冲有关的富金斑岩型矿床。

2.5.2　金的迁移

金属在熔体/流体中主要以配合物的形式迁移，配合物在熔体/流体中的稳定性远大于金属阳离子，因此金属可以在含有配体的流体或熔体中成百上千倍的富集。根据软硬酸碱理论，Au^+ 属于软酸，易与软碱 HS^- 配合，其次与 Cl^- 配合，因此金在熔体中的溶解和迁移主要受控于配体 HS⁻ 的浓度,以及配合物的生成平衡常数(受控于温度)。Cu 由于与 Au 属于同一副族,具有相似的地球化学性质,在自然界中常见铜与金共同迁移,岩浆热液矿床中常形成铜金斑岩型矿床。

斑岩型矿床一般与俯冲带高氧逸度侵入岩有关(Ballard et al.,2002;Sillitoe,2010),俯冲带洋壳脱水形成的交代地幔熔体比普通地幔[有橄榄石-磁铁矿-石英(FMQ)缓冲]氧逸度高两个数量级(ΔFMQ+2;Mungall,2002;Sun et al.,2013)。Sun 等(2013)通过对斑岩型铜矿中普遍存在的共生赤铁矿和磁铁矿的研究认为,高氧逸度促进了岩浆源区硫化物的解体,从而提高了初始岩浆中亲硫元素的浓度。在高氧逸度富硫的熔体中,硫以硫酸盐(SO_4^{2-})的形式存在并且未达饱和,导致了岩浆中高含量的亲铜元素。Fe^{2+} 对硫酸盐的还原作用最终导致了斑岩型矿床的沉淀。

岩浆锆石微量元素分布形式具有明显的正 Ce 异常特征,Ce^{4+}/Ce^{3+} 值是岩浆氧逸度的函数(Ballard et al.,2002),可以作为衡量岩浆氧逸度的相对标准。目前所发现的斑岩型矿床多为氧化性斑岩矿床,多数矿床的 Ce^{4+}/Ce^{3+} 值大于 300(Ballard et al.,2002;Sillitoe,2010)。一般认为高氧逸度条件下,岩浆中的硫以 SO_4^{2-} 形式存在,极大地增加了熔体中硫的溶解,同时高氧逸度导致硫化物溶解,释放亲铜元素(Cu、Ni)和亲铁元素(Au、铂族元素等)进入岩浆熔体(Sun et al.,2013)。

然而,毕力赫金矿 Ce^{4+}/Ce^{3+} 介于 9~144 之间(表 2.10),平均值为 50,指示毕力赫成矿岩体形成于中等还原环境下(图 2.27)。近期有研究发现,可能并不是氧逸度越高越有利于金的富集。首先,由"软硬酸碱"理论可知硫酸盐并不是金和铜的"高效"配体(配位化学)。研究表明玄武质熔体中的硫全部为硫酸盐时,虽然硫的溶解度较高,但金的溶解度反而大幅降低(图 2.28;Botcharnikov et al.,2011)。Pokrovski 和 Dubrovinsky(2011)实验研究认为,在高温高压下(>3GPa;>500℃),硫主要以 S_3^- 的形式存在,并且稳定范围随压力的增加而增大。钟日晨对俯冲带温压条件下的热力学模拟,认为 S_3^- 是俯冲带流体中硫的主要存在形式并且可以作为氧化地幔和搬运金属的有效介质。金在含有还原性硫的中高氧化性熔体中溶解度较高:一方面相对较高的氧逸度将 $Au^0 \rightarrow Au^+$,有利于金以络合物的形式搬运;另一方面硫未被氧化为 SO_4^{2-},S_3^- 作为配体,性质与 HS⁻ 相似,可以作为搬运金的有效介质。因此,过高的氧逸度反而不利于 Au 的搬运。而过高的氧逸度环境下更有利于 Cu 的搬运,因为在高氧逸度环境 Cu 以 Cu_2O 的形式溶解(Holzheid and Lodders,2001),不需要 S_3^- 作为配体进行搬运,氧逸度越高越有利于 Cu 的搬运。因此,俯冲带的高氧逸度环境(ΔFMQ+2)有利于形成斑岩型铜矿(Ballard et al.,2002;Sillitoe,2010),中等氧逸度环境下(ΔFMQ+1)可能有利于形成高 Au/Cu 值的矿床(图 2.28;Pokrovski and Dubrovinsky et al.,2011)。毕力赫金矿富金而相对贫铜的特征可能与其较低的氧逸度环境有关。

2.5.3 金的沉淀

Yang 等(2015)根据石英和自然金的岩相学观察,认为毕力赫矿床的金沉淀于岩浆阶段。Qiao 等(2022)对毕力赫矿石进行了详细的矿物学及流体包裹体研究,研究表明金存在两期矿化事件。毕力赫成矿流体具有复杂的演化过程,形成了多个石英世代以及多种石英生长特征和氧同位素组成。不同阶段石英中的流体包裹体显示不同的均一温度,范围从 178℃到 600℃

第 2 章 毕力赫金矿及成矿岩体

表 2.10 毕力赫花岗闪长岩锆石(zk086-53 和 zk1005-105)及平均全岩 Ti、REE 元素数据

样品	^{49}Ti	La	Ce	Pr	Nd	Sm	Eu	Gd	Tb	Dy	Ho	Er	Tm	Yb	Lu	Hf	ΣREE	δEu	δCe	Ce^{IV}/Ce^{III}	T/℃
全岩平均值	17.9	32.5	64.5	7.35	25.5	5.12	1.09	5.01	0.745	4.22	0.896	2.48	0.365	2.34	0.360	6.15	4633	0.65	0.98		
zk086-53-1	17.5	0.12	10.1	0.11	1.56	2.97	0.63	15.9	4.96	60.5	21.5	102	19.9	181	34.3	48 088	455	0.22	18.5	37	795
zk086-53-2	17.5	0.31	12.3	0.27	3.17	4.16	0.50	22.1	6.69	80.1	28.6	135	26.5	231	43.5	48 681	593	0.12	1.3	29	793
zk086-53-3	14.3	<0.05	12.6	0.06	1.14	2.45	0.36	14.4	4.9	61.7	23.0	110	22.0	199	38.1	52 068	490	0.14	58.3	75	774
zk086-53-4	23.5	0.09	15.5	0.34	5.01	7.59	0.89	36.6	11.25	131.3	46.7	212	39.0	335	61.4	48 821	903	0.13	12.0	15	822
zk086-53-5	20.2	<0.08	12.0	0.15	2.31	4.38	0.60	21.2	6.56	79.3	28.5	132	25.7	228	42.7	48 378	583	0.16	23.5	25	807
zk086-53-6	19.8	0.69	14.9	0.35	2.31	2.92	0.34	15.5	5.03	61.5	22.6	106	21.3	189	36.1	51 155	479	0.12	7.0	59	805
zk086-53-7	18.5	<0.04	10.8	0.12	1.87	3.47	0.49	18.0	5.95	71.3	25.4	120	23.5	205	39.6	47 372	526	0.15	25.7	33	798
zk086-53-8	17.5	0.15	13.3	0.17	2.85	4.96	0.69	25.9	8.05	94.2	33.3	151	29.3	253	47.7	50 687	665	0.15	16.8	24	792
zk086-53-10	17.4	0.10	13.4	0.19	2.19	3.99	0.63	20.5	6.53	79.7	27.5	125	24.7	220	41.6	47 534	571	0.17	17.3	33	792
zk086-53-11	20.21	0.22	13.1	0.22	2.81	5.66	0.80	26.3	7.91	92.8	32.7	147	28.0	242	45.2	47 855	645	0.18	17.4	17	807
zk086-53-12	13.95	<0.04	12.7	<0.051	0.83	1.83	0.24	11.3	3.63	46.9	17.7	86	17.3	161	31.2	52 468	391	0.14	7.0	112	771
zk086-53-13	15.71	<0.07	11.4	0.13	1.67	3.7	0.41	20.1	6.58	79.3	28.4	132	25.9	226	43.0	49 292	579	0.11	25.2	33	782
zk086-53-15	22.03	0.07	8.9	0.08	1.24	1.93	0.34	13.0	4.28	51.7	18.7	90	17.7	161	31.6	50 687	401	0.15	2.8	70	815
zk086-53-16	20.85	<0.08	12.5	0.12	2.21	3.99	0.59	13.6	6.02	71.3	25.5	118	23.7	212	39.9	47 006	534	0.18	33.1	29	810
zk086-53-17	27.88	0.37	12.7	0.13	1.1	1.86	0.30	10.6	3.73	46.0	17.5	86	17.5	157	30.8	46 366	385	0.17	14.0	107	840
zk086-53-20	15.53	<0.07	13.9	0.09	1.61	3.52	0.41	18.8	6.47	74.6	26.9	127	24.7	219	41.9	50 370	559	0.13	43.8	44	781
zk086-53-22	21.9	<0.06	11.7	0.16	2.71	5.46	0.78	25.5	7.57	89.1	31.6	141	27.2	235	44.2	52 205	622	0.17	21.6	16	815
zk086-53-23	19.9	<0.05	12.8	0.13	2.03	4.39	0.55	21.9	6.79	83.2	29.3	136	26.8	235	43.8	51 078	603	0.14	29.2	27	805
zk086-53-24	17.5	<0.07	15.6	0.10	1.25	2.96	0.45	15.9	5.46	68.6	25.4	123	23.7	213	41.5	50 025	537	0.16	44.7	69	793
zk086-53-25	14.3	0.09	18.9	0.75	9.09	12.33	0.67	50.9	15.28	181.0	63.3	292	53.6	461	84.7	54 481	1244	0.06	6.9	9	775
zk086-53-27	24.6	0.80	13.1	0.31	2.64	3.15	0.58	17.0	5.46	65.2	24.1	113	22.3	199	38.5	51 077	505	0.19	6.2	48	827
zk086-53-28	26.9	0.06	13.8	0.07	1.94	3.71	0.46	19.0	6.35	74.7	27.6	128	25.1	221	42.2	47 083	564	0.13	41.7	40	836
zk086-53-31	14.9	0.12	11.8	0.16	1.69	3.04	0.36	17.6	5.91	70.0	25.8	124	24.4	227	42.1	52 388	546	0.12	16.9	51	777
zk086-53-32	15.6	<0.07	11.7	0.07	1.04	2.46	0.54	12.0	4.37	53.9	19.8	95	19.3	172	32.7	50 517	425	0.25	45.2	60	781
锆石平均值	19.1	0.24	12.9	0.19	2.33	4.04	0.53	20.3	6.47	77.8	28.0	131	25.4	224	42.4	49 876	575	0.15	22.3	44	800

续表 2.10

样品	^{49}Ti	La	Ce	Pr	Nd	Sm	Eu	Gd	Tb	Dy	Ho	Er	Tm	Yb	Lu	Hf	ΣREE	δEu	δCe	Ce^{IV}/Ce^{III}	T/℃
zkI005-105-1	9.6	<0.00	10.9	0.05	0.48	1.62	0.13	8.3	2.94	41.7	15.7	79	15.8	157	30.0	63 172	363	0.09	61.5	118	738
zkI005-105-2	9.0	<0.00	12.8	0.09	0.67	1.81	<0.24	13.2	5.15	59.2	19.9	108	20.5	187	37.6	54 373	465	0.00	41.1	135	732
zkI005-105-3	30.0	0.87	21.8	0.90	7.67	9.89	0.92	40.8	12.41	141.6	49.8	217	40.8	343	63.8	53 274	951	0.12	5.1	13	848
zkI005-105-7	54.6	<0.11	17.5	0.41	4.58	9.58	0.81	41.4	12.43	137.3	48.0	214	41.0	340	63.8	54 039	931	0.11	12.2	11	916
zkI005-105-8	9.5	0.24	15.6	0.17	1.40	2.07	0.45	14.9	4.72	57.3	22.5	108	22.2	202	39.3	55 458	491	0.18	17.0	134	736
zkI005-105-9	19.3	0.17	13.4	0.21	2.38	3.92	0.63	22.5	6.53	79.1	28.1	130	25.8	229	42.3	55 010	584	0.16	14.2	34	802
zkI005-105-10	<26.6	<0.27	11.4	<0.21	2.43	3.83	0.51	20.7	6.79	83.4	28.2	136	26.0	229	44.3	50 675	592	0.14	—	32	835
zkI005-105-11	23.4	1.35	19.0	1.27	6.05	5.39	0.70	21.8	7.57	84.8	30.9	140	27.8	239	45.3	50 730	631	0.17	3.1	28	822
zkI005-105-12	41.7	6.05	25.0	1.76	9.36	3.49	0.44	16.2	5.09	60.0	21.8	101	22.2	190	36.1	50 798	498	0.15	1.8	72	884
zkI005-105-13	<16.9	0.85	23.7	0.38	2.77	3.64	0.91	18.4	6.46	86.0	34.4	176	39.8	385	82.6	53 916	861	0.28	9.8	144	789
zkI005-105-15	87.6	1.17	13.8	0.48	4.97	4.51	0.88	24.7	8.35	99.7	33.7	150	28.8	262	46.8	43 417	679	0.20	4.3	29	976
zkI005-105-17	<14.4	0.31	14.1	0.15	1.61	2.96	0.49	18.3	5.57	72.5	26.6	119	24.2	218	40.7	56 415	545	0.15	15.4	61	774
zkI005-105-18	46.4	0.81	19.9	0.38	2.59	4.58	0.56	23.3	7.48	91.3	32.8	160	33.5	291	53.0	59 486	721	0.13	8.4	48	897
zkI005-105-19	13.7	<0.08	23.1	0.38	3.58	6.90	0.66	35.7	11.45	141.7	51.6	238	47.4	419	76.6	56 101	1055	0.10	17.2	35	769
zkI005-105-20	39.3	0.13	13.1	0.41	5.28	8.29	1.03	38.6	11.21	132.8	46.0	203	40.9	349	61.1	59 422	911	0.15	8.3	10	877
zkI005-105 锆石平均值	32.0	1.19	17.0	0.50	3.72	4.83	0.65	23.9	7.61	91.2	32.7	152	30.4	269	50.9	54 419	685	0.14	15.7	60	826

注: $\Sigma REE = La+Ce+Pr+Nd+Sm+Eu+Gd+Tb+Dy+Ho+Er+Tm+Yb+Lu$; $\delta Eu = 2Eu_N/(Sm_N+Gd_N)$; $\delta Ce = 2Ce_N/(La_N+Pr_N)$; 球粒陨石标准化值据 Sun and McDonough, 1989; $T(℃) = (5080±30)/[(6.01±0.03)-lg(Ti_{zircon})]+273$; $(Ce^{IV}/Ce^{III})_{zircon} = (Ce_{melt}-[Ce_{zircon}/D_{Ce^{IV}}^{(zircon/melt)}]-[Ce_{zircon}/D_{Ce^{III}}^{(zircon/melt)}]-Ce_{melt})$。

第 2 章 毕力赫金矿及成矿岩体

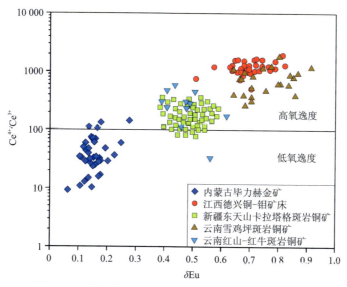

图 2.27 毕力赫花岗闪长岩锆石 Ce^{4+}/Ce^{3+}-δEu 图解

注:底图据 Ballard 等(2002);江西德兴铜-钼矿床数据据 Zhang 等(2013);新疆东天山卡拉塔格斑岩铜矿数据据 Chen 等(2024);云南雪鸡坪斑岩铜矿和红山-红牛斑岩铜矿数据据 Jia 等(2024)。

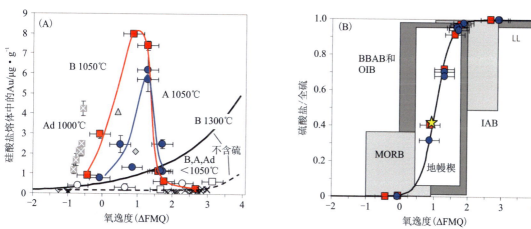

(A)1050℃下含硫玄武质(红色)和安山质(蓝色)熔体中金的溶解度;1300℃下不含硫人造玄武质熔体(灰色线)中金的溶解度;1000℃和1050℃下不含硫硅酸盐熔体(虚线)中金的溶解。B 代表玄武岩;A 代表安山岩;Ad 代表埃达克岩。
(B)硫酸盐和全硫随氧逸度的转变关系,五角星代表含金玄武质岩浆。MORB-洋中脊玄武岩;BABB-弧后盆地玄武岩 basalts;OIB-洋岛玄武岩;IAB-岛弧玄武岩

图 2.28 基性岩浆体系中氧化还原条件对 S 和 Au 的行为的影响(据 Botcharnikov et al.,2011)

以上。$\delta^{18}O_{石英}$ 和 $\delta^{18}O_{流体}$ 在脉状石英第三亚代(QA3)和带状石英第三亚代(QB3)出现两个异常峰(图 2.29),表明脉状石英在沉积过程中可能经历了零星的不平衡氧分馏,导致局部 $\delta^{18}O$ 富集。整体 $\delta^{18}O$ 值从早期到晚期逐渐减小,表明岩浆热液占比逐渐减小。毕力赫金矿的石英记录了两期金矿化事件:在高温 UST 石英(>600℃)中的第一期金沉淀可能是快速冷却造成的;而在带状石英细脉(约 390℃)中占主导地位的二期金沉淀,则主要是由岩浆和大气水的混合流体导致的(图 2.30)。

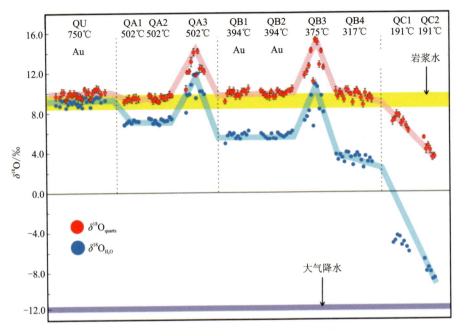

图 2.29 毕力赫矿床 $\delta^{18}O_{石英}$ 和 $\delta^{18}O_{流体}$ 值按石英世代先后排序图（据 Qiao et al., 2022）

注：$\delta^{18}O_{流体}$ 整体呈现由早到晚逐渐降低的趋势，$\delta^{18}O_{石英}$ 和 $\delta^{18}O_{流体}$ 值在 QA3 和 QB3 出现两个异常峰。

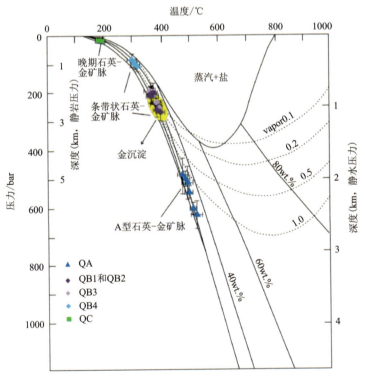

图 2.30 毕力赫金矿 A 型脉、带状脉和晚期石英脉流体演化趋势的 $NaCl-H_2O$ 体系温度-压力图解

（据 Qiao et al., 2022）

第 3 章　宝力格铅锌矿点及花岗杂岩体

3.1　矿区地质

3.1.1　地层

宝力格(音译又称为宝拉格)铅锌矿点位于中亚造山带中东部大兴安岭南段,属于兴安地块构造单元(图3.1),距东乌珠穆沁旗东北20km。宝力格及其邻区出露的地层较全,从奥陶系至新生界均有出露,地层多沿构造方位呈北东向展布,其中出露面积较大的为泥盆系、石炭系和侏罗系火山沉积地层(图3.2)。各地层详细介绍如下。

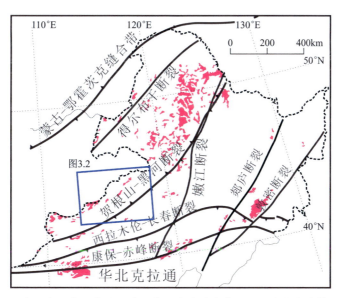

图 3.1　中国东北大地构造及古生代花岗岩分布简图及宝力格杂岩体示意图

(1)中下奥陶统乌宾敖包组,零星分布于宝力格岩体东北部,岩性以砂质—粉砂质板岩为主,夹细粒长石石英砂岩、灰岩以及凝灰岩透镜体。

(2)志留系卧都河组,分布于区域东北部,与乌宾敖包组呈断层接触,主要岩性为变质砂岩、粉砂岩和石英砂岩夹板岩。

(3)上泥盆统安格尔音乌拉组,分布于区域西部及东北部,主要岩性为凝灰岩、板岩夹粉砂岩。

(4)石炭系宝力高庙组,呈北东向沿二连贺根山断裂北侧展布(图 3.2),是宝力格花岗杂岩主要的围岩地层(图 3.3),可分为上、中、下 3 个岩段。下段为安山质岩屑晶屑凝灰岩、凝灰质砂岩、板岩、安山玢岩;中段为岩屑晶屑凝灰质砂岩夹凝灰质板岩;上段为安山质及英安质晶屑凝灰岩。辛后田等(2011)对该段安山岩进行了锆石 U-Pb 定年研究,认为岩体形成于(320±7.2)Ma。

(5)二叠系根敖包组,分布于区域西南部,主要岩性为安山质熔岩和英安质火山碎屑岩,夹生物灰岩透镜体(张万益,2008)。

(6)上侏罗统玛尼吐组及白音高老组火山沉积岩,广泛发育于区域东北部。其中,玛尼吐组岩性主要为火山碎屑岩夹沉积岩、安山质熔岩及火山碎屑岩;白音高老组岩性为凝灰砾岩、凝灰砂砾岩、粉砂岩、页岩及夹沉凝灰岩。

(7)下白垩统大磨拐河组,出露零星,主要岩性为砾岩夹硬砂岩。

(8)新近系宝格达乌拉组为泥岩夹钙质结核(内蒙古自治区地质矿产局,1996)。

宝力格铅锌矿化点可能为当时区域上的一个火山喷发中心,矿区内宝力高庙组地层含有大量的熔岩和火山角砾岩堆积,正常碎屑岩较少,而区域上向其东、西两侧的呼伦贝尔和苏尼特左旗一带,正常碎屑岩较多,火山岩呈夹层状态出现(内蒙古自治区地质矿产局,1991)。

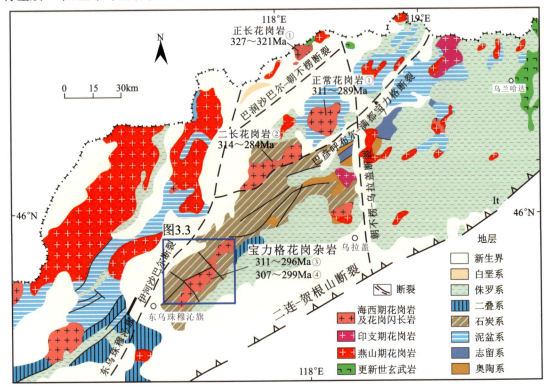

图 3.2　宝力格杂岩体及其邻区区域地质图(据 Wang et al.,2016b)

注:①表示数据来源于武将伟(2012);②表示数据来源于张万益(2008);
③表示数据来源于程银行等(2012);④表示数据来源于本书。

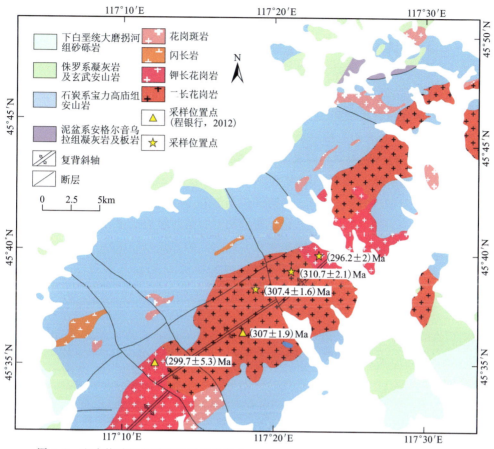

图 3.3 宝力格矿区地质图及采样位置点(据山东黄金有限责任公司,2012,资料有修改)

3.1.2 构造

宝力格及其邻区一级断裂为二连-贺根山断裂,次一级断裂主要有早、晚两期,早期断裂呈北东向,平行于二连-贺根山断裂,主要包括巴润沙巴尔-朝不楞断裂和巴彦呼布尔-满都宝力格断裂,这两条断裂被晚期北北东向东乌珠穆沁旗-伊河沙巴尔断裂和北西向朝不楞-乌拉盖断裂所截(图 3.2)。

宝力格铅锌矿化点构造主体为一北东向复背斜(图 3.3),称吉尔嘎郎敖包-额尔登陶勒盖复背斜,该复背斜以宝力高庙组地层为两翼,长约 80km,宽 25～40km,轴向北东 50°左右,轴部及两翼地层均出现一系列规模不同而轴向基本一致的背向斜褶皱构造和次级的层间褶曲及层面扭动构造。整个复背斜被东北走向和北西走向的两组断裂破坏(图 3.3)。早期北东向断裂为压性断裂,贯穿吉尔嘎郎敖包-额尔登陶勒盖复背斜核部,晚期 3 条北西-东南向走滑断裂错断早期北东向断裂及宝力高庙组地层。

3.1.3 岩浆岩

宝力格及其邻区岩浆岩分布广泛,主要为海西期及燕山期中酸性岩浆岩,海西期花岗岩类主要沿北东向巴彦呼布尔满都宝力格断裂两侧呈岩基或岩株分布,年龄介于 327～275Ma 之间(张万益,2008;武将伟,2012);燕山期花岗岩类则主要分布于区域西部,沿东乌珠穆沁旗伊河沙巴尔断裂西侧呈巨大的岩基出露,在区域东北部也发育大量岩株(图 3.2)。

宝力格铅锌矿化的含矿岩体为宝力格花岗杂岩,该杂岩体沿吉尔嘎郎敖包额尔登陶勒盖复背斜核部产出,主要岩性包括二长花岗岩和钾长花岗岩。早期二长花岗岩出露面积较广(图 3.3),沿吉尔嘎郎敖包额尔登陶勒盖复背斜核部呈北东向延展,岩体呈似长方形岩基状产出,长约 25km,宽约 9km,出露面积约 108km²。岩体西南、东北均侵入宝力高庙组地层,西南端,被钾长花岗岩和花岗斑岩侵入。晚期钾长花岗岩,分布于吉尔嘎郎敖包额尔登陶勒盖复背斜核部中间和西南端,侵入早期二长花岗岩和宝力高庙组地层中。宝力格花岗杂岩体在与宝力高庙组地层接触处,普遍发生接触变质和同化混染现象。外接触带的宝力高庙组火山碎屑岩有硅化、绢云母化、绿帘石化、绿泥石化及黑云母化,并且发育与岩体走向一致的片理化。其内接触带含有大量的围岩捕房体。岩体地表可见强褐铁矿化、硅化、蓝铜矿化、孔雀石化、镜铁矿化。岩体受后期构造运动影响,次生构造发育,3 条北西东南向张性断裂及 1 条北东南西向压性断裂使岩体明显错开。更晚期的中酸性岩浆岩出露面积不大,沿复背斜核部及两翼次级褶皱侵位,主要为花岗斑岩及闪长岩(图 3.2)。

3.1.4 矿化特征

宝力格地区地表发育褐铁矿化、镜铁矿化,局部可见孔雀石化、蓝铜矿化,通过进一步的勘查工作,共圈定 9 条多金属矿化体。矿化体主要赋存在花岗杂岩体内及外接触带中。

Ⅰ号矿化体地表可见强褐铁矿化、硅化、蓝铜矿化、孔雀石化和镜铁矿化。矿体呈层状产于细粒钾长花岗岩中,走向北北西向,倾向 250°,倾角 78°,宽 2～7m,一般品位 Cu 为 0.2%～2.63%,Zn 为 0.015%～5.25%,Pb 为 0.025%～1.54%。

3.2 花岗杂岩体特征

3.2.1 岩相学特征

宝力格花岗杂岩体包括二长花岗岩和钾长花岗岩。二长花岗岩呈肉红色[图 3.4(A)],具中细粒(<2mm)花岗结构[图 3.4(B)、图 3.4(C)],块状构造,主要矿物为自形—半自形斜长石(25%～30%)、他形钾长石(25%～30%)、他形石英(25%～30%)、他形条纹长石(10%～15%)和黑云母[2%～5%;图 3.4(B)—图 3.4(D)],副矿物可见锆石、磷灰石及磁铁矿,钾长石普遍发生绢云母化蚀变。

侵入二长花岗岩中的钾长花岗岩[图 3.5(A)],呈肉红色,块状构造,岩石矿物组成与二长花岗岩相似,但晶体粒度较粗,为中细粒花岗结构[2%～5%;图 3.5(B)、图 3.5(C)],主要

第3章 宝力格铅锌矿点及花岗杂岩体

(A)二长花岗岩(手标本);(B)二长花岗岩中的石英、钾长石、斜长石和黑云母(正交偏光);(C)二长花岗岩中的石英、钾长石、斜长石和黑云母(正交偏光);(D)二长花岗岩中由石英和条纹长石构成的文象结构(正交偏光);Kfs-钾长石;Pl-斜长石;Q-石英;Bi-黑云母;Per-条纹长石

图 3.4 宝力格二长花岗岩岩相学照片

矿物为自形—半自形斜长石(10%～15%)、他形钾长石(40%～50%)、他形石英(30%～40%)、他形条纹长石(10%～15%)和黑云母[1%～3%;图 3.5(B)～图 3.5(D)],副矿物可见锆石、磷灰石及磁铁矿。

3.2.2 元素地球化学特征

本次研究共采集4件二长花岗岩样品(BLG-1、BLG-15、BLG-21、BLG-28)以及6件钾长花岗岩样品(BLG-2、BLG-5、BLG-7、BLG-8、BLG-10、BLG-18),进行主量及微量元素分析,采样位置如图 3.3 所示。分析方法见附录。

主量元素组成见表 3.1。二长花岗岩具有较高的 SiO_2(71.08%～72.77%,平均值为 71.97%)、Al_2O_3(13.99%～15.17%,平均值为 14.35%)和碱含量($K_2O + Na_2O$ 含量为 8.51%～8.82%,平均值为 8.68%),而 TiO_2(0.24%～0.31%,平均值为 0.27%)、CaO(0.54%～0.91%,平均值为 0.78%)、MgO(0.39%～0.49%,平均值为 0.46%)和全 Fe_2O_3(1.60%～1.69%,平均值为 1.64%)含量较低。K_2O/Na_2O 为 0.46～0.76(平均值为 0.64%),在 SiO_2-K_2O 图解[图 3.6(A)]中,样品均落入高钾钙碱性岩石区。A/CNK 和 A/NK 值范围分别介于 1.06～1.09 和 1.18～1.23 之间,为弱过铝质岩石[图 3.6(B)]。

(A)钾长花岗岩(手标本);(B)钾长花岗岩中的石英、钾长石、斜长石(正交偏光);(C)钾长花岗岩中的石英、钾长石、斜长石和黑云母(正交偏光);(D)钾长花岗岩中由石英和条纹长石构成的文象结构(正交偏光)。Kfs-钾长石;Pl-斜长石;Q-石英;Bi-黑云母;Per-条纹长石

图 3.5 宝力格钾长花岗岩岩相学照片

表 3.1 宝力格花岗岩类主量元素分析

指标	单位	二长花岗岩				钾长花岗岩					
		BLG-1	BLG-15	BLG-21	BLG-28	BLG-2	BLG-5	BLG-7	BLG-8	BLG-10	BLG-18
SiO_2	%	72.77	72.65	71.38	71.08	76.28	77.48	75.44	76.96	76.31	76.62
TiO_2	%	0.24	0.26	0.25	0.31	0.10	0.10	0.17	0.09	0.11	0.11
Al_2O_3	%	13.99	14.14	14.11	15.17	12.82	12.35	12.84	12.17	12.27	12.50
$Fe_2O_3^T$	%	1.69	1.64	1.62	1.60	0.76	0.52	1.23	0.68	0.76	0.76
MnO	%	0.08	0.08	0.36	0.06	0.04	0.04	0.07	0.02	0.04	0.03
MgO	%	0.49	0.45	0.39	0.49	0.13	0.11	0.28	0.11	0.12	0.11
CaO	%	0.87	0.80	0.54	0.91	0.26	0.23	0.48	0.38	0.41	0.41
Na_2O	%	3.95	4.46	4.23	5.13	3.58	3.38	3.86	3.00	3.29	3.31
K_2O	%	4.56	4.20	4.59	3.58	5.47	5.15	4.58	5.73	5.42	5.43
P_2O_5	%	0.08	0.07	0.06	0.08	0.02	0.02	0.05	0.02	0.02	0.02
LOI	%	1.18	1.26	1.35	1.49	0.62	0.75	0.84	0.49	0.45	0.52
合计	%	100.02	100.13	99.01	100.04	100.19	100.21	99.93	99.72	99.25	99.87

续表 3.1

指标	单位	二长花岗岩				钾长花岗岩					
		BLG-1	BLG-15	BLG-21	BLG-28	BLG-2	BLG-5	BLG-7	BLG-8	BLG-10	BLG-18
K_2O+Na_2O	%	8.51	8.66	8.82	8.71	9.05	8.53	8.44	8.73	8.71	8.74
K_2O/Na_2O		0.76	0.62	0.72	0.46	1.01	1.00	0.78	1.26	1.09	1.08
A/NK		1.22	1.19	1.18	1.23	1.08	1.11	1.13	1.09	1.09	1.10
A/CNK		1.07	1.06	1.09	1.08	1.04	1.07	1.05	1.03	1.02	1.03
δ		2.43	2.53	2.74	2.70	2.46	2.11	2.20	2.24	2.28	2.27
DI		91.29	91.94	92.5	91.0	96.9	97.1	94.7	96.7	96.4	96.3
$Mg^{\#}$	%	36	35	32	38	25	30	31	24	24	22

注：$Mg^{\#}=100\times(MgO/40.3044)/(MgO/40.3044+FeO_T/71.844)$。

钾长花岗岩 SiO_2 含量为 75.44%～77.48%（平均值为 76.52%），Al_2O_3 含量为 12.17%～12.84%（平均值为 12.49%），K_2O+Na_2O 含量为 8.44%～9.05%（平均值为 8.70%），TiO_2 含量为 0.09%～0.17%（平均值为 0.11%），CaO 含量为 0.23%～0.48%（平均值为 0.36%），MgO 含量为 0.11%～0.28%（平均值为 0.14%）。在 SiO_2-K_2O 图解[图 3.6(A)]中，样品均落入高钾钙碱性岩石区。A/CNK 和 A/NK 值范围分别介于 1.02～1.07 和 1.08～1.13 之间，样品落入 A/NK-A/CNK 图解中过铝质岩石区[图 3.6(B)]。

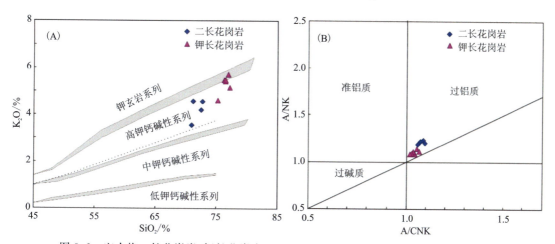

图 3.6 宝力格二长花岗岩、钾长花岗岩 K_2O-SiO_2 图解(A)和 A/NK-A/CNK 图解(B)

样品微量元素分析结果见表 3.2。样品在球粒陨石标准化图谱上显示轻微的 U 型稀土配分模式，富集轻稀土，具有弱的负 Eu 异常并且有重稀土微向左倾[图 3.7(A)]。二长花岗岩 $\Sigma REE+Y$ 含量为 84.7×10^{-6}～151.3×10^{-6}，LREE/HREE 为 10.5～15.1，$(La/Yb)_N$ 和 δEu 分别为 10.5～18.3 和 0.66～1.04。钾长花岗岩 $\Sigma REE+Y$ 含量为 63.5×10^{-6}～101.5×10^{-6}，LREE/HREE 为 7.9～15.3，$(La/Yb)_N$ 和 δEu 分别为 7.17～17.3 和 0.51～0.85，在原始地幔标准化微量元素蛛网图上[图 3.7(B)]，两个岩体均表现为富集 Rb、K、U、Th、Pb，亏损 Nd、Ta、Ti，以及 Hf 的正异常。

表 3.2 宝力格花岗岩类微量元素分析

指标	单位	二长花岗岩				钾长花岗岩					
		BLG-1	BLG-15	BLG-21	BLG-28	BLG-2	BLG-5	BLG-7	BLG-8	BLG-10	BLG-18
Ga	$\times 10^{-6}$	17.3	17.8	16.8	19.3	15.8	15.8	16.3	14.9	17.2	16.7
Rb	$\times 10^{-6}$	117	97.0	115	57.5	120	138	112	119	117	117
Sr	$\times 10^{-6}$	334	323	250	330	162	124	230	119	98.4	122
Y	$\times 10^{-6}$	9.70	11.9	8.70	14.0	6.00	8.60	11.8	4.70	10.1	9.90
Zr	$\times 10^{-6}$	147	200	190	232	89.0	83.0	115	54.0	84.0	77.0
Nb	$\times 10^{-6}$	6.60	8.30	6.90	7.90	5.40	11.5	10.0	6.10	9.80	9.00
Sn	$\times 10^{-6}$	1.00	1.00	1.00	1.00	2.00	1.00	1.00	1.00	1.00	1.00
Cs	$\times 10^{-6}$	1.26	1.17	1.42	1.41	1.09	1.18	1.04	1.05	0.98	1.05
Ba	$\times 10^{-6}$	895	817	1055	1070	962	599	624	515	272	464
La	$\times 10^{-6}$	16.2	23.4	26.5	33.9	17.4	12.8	19.8	13.1	15.2	13.6
Ce	$\times 10^{-6}$	33.8	44.7	49.1	62.1	36.0	27.6	38.9	27.0	32.4	28.9
Pr	$\times 10^{-6}$	3.59	4.76	5.56	6.67	3.96	3.20	4.49	2.97	3.60	3.37
Nd	$\times 10^{-6}$	12.0	15.6	18.0	21.1	12.4	10.8	14.7	9.9	11.7	11.0
Sm	$\times 10^{-6}$	2.18	2.83	2.89	3.60	2.26	2.11	2.90	1.68	2.45	2.23
Eu	$\times 10^{-6}$	0.70	0.65	0.73	0.70	0.51	0.37	0.58	0.42	0.38	0.41
Gd	$\times 10^{-6}$	1.82	2.22	2.16	2.63	1.65	1.68	2.47	1.26	2.02	1.99
Tb	$\times 10^{-6}$	0.28	0.32	0.31	0.42	0.22	0.27	0.37	0.17	0.30	0.31
Dy	$\times 10^{-6}$	1.67	1.88	1.75	2.36	1.12	1.56	2.13	0.94	1.87	1.87
Ho	$\times 10^{-6}$	0.32	0.38	0.31	0.45	0.22	0.29	0.41	0.17	0.36	0.39
Er	$\times 10^{-6}$	1.01	1.14	0.92	1.37	0.60	0.92	1.20	0.47	1.13	1.19
Tm	$\times 10^{-6}$	0.16	0.18	0.15	0.21	0.10	0.15	0.20	0.08	0.18	0.19
Yb	$\times 10^{-6}$	1.11	1.26	1.04	1.52	0.72	1.04	1.34	0.58	1.22	1.36
Lu	$\times 10^{-6}$	0.18	0.22	0.18	0.25	0.12	0.17	0.21	0.10	0.21	0.23
Hf	$\times 10^{-6}$	3.80	5.00	4.70	5.20	2.80	3.30	3.90	1.80	3.40	3.10
Ta	$\times 10^{-6}$	0.60	0.80	0.60	0.60	0.70	1.40	1.00	0.60	1.20	0.80
W	$\times 10^{-6}$	1.00	7.00	1.00	1.00	1.00	4.00	1.00	1.00	1.00	1.00
Th	$\times 10^{-6}$	6.41	10.2	8.02	9.23	8.81	11.4	11.7	6.71	11.3	12.2
U	$\times 10^{-6}$	1.58	1.58	1.04	1.76	0.98	2.59	1.58	0.80	1.89	2.15
ΣREE	$\times 10^{-6}$	75.0	99.5	110	137	77.3	63.0	89.7	58.8	73.0	67.0
ΣREE+Y	$\times 10^{-6}$	84.7	112	118	151.3	83.3	71.6	101.5	63.5	83.1	76.9
LREE	$\times 10^{-6}$	68.5	91.9	103	128	72.5	56.9	81.4	55.1	65.7	59.5
HREE	$\times 10^{-6}$	6.55	7.60	6.82	9.21	4.75	6.08	8.33	3.77	7.29	7.53
LREE/HREE		10.5	12.1	15.1	13.9	15.3	9.4	9.8	14.6	9.0	7.9
$(La/Yb)_N$		10.5	13.3	18.3	16.0	17.3	8.8	10.6	16.2	8.9	7.17
δEu		1.04	0.76	0.86	0.66	0.77	0.58	0.65	0.85	0.51	0.58

注:ΣREE=La+Ce+Pr+Nd+Sm+Eu+Gd+Tb+Dy+Ho+Er+Tm+Yb+Lu;δEu=2Eu$_N$/(Sm$_N$+Gd$_N$);δCe=2Ce$_N$/(La$_N$+Pr$_N$);球粒陨石标准化值据 Sun and Mcdonough,1989。

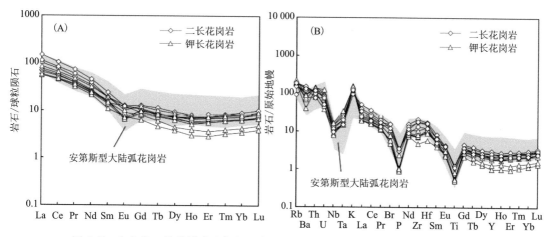

图 3.7 宝力格二长花岗岩和钾长花岗岩稀土元素球粒陨石标准化配分图(A)和
微量元素原始地幔标准化蛛网图(B)

注:标准化值据 Sun and McDonough,1989;安第斯型大陆边缘弧花岗岩数据据 Villagómez et al.,2011。

3.3 同位素年代学及地球化学特征

本次研究共采集4件二长花岗岩样品(BLG-1、BLG-15、BLG-21、BLG-28)以及6件钾长花岗岩样品(BLG-2、BLG-5、BLG-7、BLG-8、BLG-10、BLG-18)进行全岩 Sr-Nd 同位素分析。选择2件二长花岗岩样品(BLG-1、BLG-21)和1件钾长花岗岩样品(BLG-2)进行 U-Pb 同位素定年及 Hf 同位素分析。

3.3.1 同位素年代学

2件二长花岗岩样品(BLG-1、BLG-21)及1件钾长花岗岩样品(BLG-2)中的锆石颗粒均具有清晰的韵律环带(图3.8),晶体自形,长度为50~200μm,长宽比为1:1~3:1,属于典型的岩浆成因锆石。

样品 BLG-1 中锆石的 U、Th 和 Pb 含量分别为 93×10^{-6}~940×10^{-6}、96×10^{-6}~856×10^{-6} 和 23×10^{-6}~241×10^{-6}(表3.3),Th/U 值为 0.85~2.31。$^{206}Pb/^{238}U$-$^{207}Pb/^{235}U$ 谐和图解中[图3.8(A)],27颗锆石的 276 个分析点呈群均分布于谐和线上,加权平均年龄为(310.7±2.1)Ma(MSWD=1.3,1σ)。

对 BLG-21 中的31颗锆石的分析结果显示,U、Th 及 Pb 含量分别为 95×10^{-6}~381×10^{-6}、88×10^{-6}~578×10^{-6} 以及 23×10^{-6}~91×10^{-6}(表3.3),Th/U 值为 0.54~1.96,加权平均年龄为(307.4±1.6)Ma[MSWD=0.77,1σ;图3.8(B)]。

样品 BLG-2 共分析了28颗锆石颗粒,分析点的 U、Th 及 Pb 含量范围分别为 59×10^{-6}~449×10^{-6}、45×10^{-6}~797×10^{-6} 以及 15×10^{-6}~104×10^{-6},Th/U 值为 0.55~2.42(表3.3),这些点的加权平均年龄为(296.2±2.0)Ma[MSWD=1.2,1σ;图3.7(C)]。

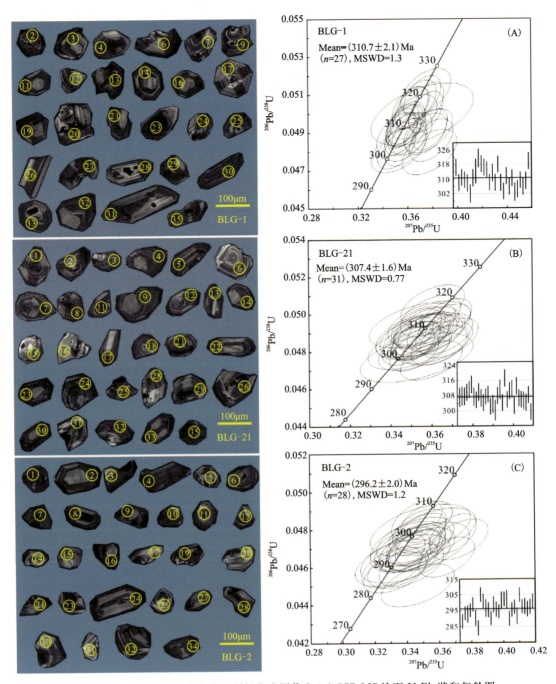

图 3.8　宝力格花岗岩杂岩锆石阴极发光图像和 LA-ICP-MS 锆石 U-Pb 谐和年龄图

第3章 宝力格铅锌矿点及花岗杂岩体

表3.3 宝力格二长花岗岩(BLG-1和BLG-21)及钾长花岗岩(BLG-2)锆石U-Pb年龄分析结果

点号	含量/×10⁻⁶ U	Th	Pb	Th/U	比值 $^{207}Pb/^{235}U$	1σ	$^{206}Pb/^{238}U$	1σ	$^{207}Pb/^{206}Pb$	1σ	年龄/Ma $^{207}Pb/^{235}U$	1σ	$^{206}Pb/^{238}U$	1σ	$^{207}Pb/^{206}Pb$	1σ	谐和度/%
BLG-1-2	299	486	85.7	1.63	0.362 4	0.009 6	0.050 3	0.000 7	0.052 2	0.001 6	314.0	7.1	316.5	4.6	295.4	67.6	98
BLG-1-3	130	149	33.5	1.15	0.363 7	0.010 7	0.048 9	0.000 7	0.053 9	0.001 8	315.0	8.0	308.0	4.5	366.3	72.6	99
BLG-1-4	230	423	63.5	1.84	0.356 1	0.008 8	0.049 4	0.000 7	0.052 3	0.001 5	309.3	6.6	310.9	4.4	296.7	64.2	99
BLG-1-6	308	705	90.7	2.29	0.354 9	0.007 8	0.049 2	0.000 7	0.052 3	0.001 4	308.4	5.8	309.7	4.3	297.5	58.8	99
BLG-1-7	146	142	36.9	0.97	0.353 1	0.011 8	0.048 9	0.000 8	0.052 3	0.001 9	307.1	8.9	307.9	4.7	300.0	81.8	99
BLG-1-9	155	215	42.6	1.39	0.377 7	0.014 5	0.048 0	0.000 8	0.057 1	0.002 4	325.3	10.7	302.0	4.8	494.6	89.9	97
BLG-1-11	212	242	55.2	1.14	0.358 7	0.010 6	0.049 4	0.000 7	0.052 7	0.001 8	311.2	7.9	310.7	4.6	314.9	73.9	99
BLG-1-12	131	136	33.4	1.04	0.372 0	0.027 2	0.050 0	0.001 1	0.054 0	0.004 1	321.1	20.2	314.4	6.6	369.9	162.3	99
BLG-1-13	371	856	113	2.31	0.375 1	0.013 3	0.051 1	0.000 8	0.053 2	0.002 1	323.4	9.8	321.5	5.0	336.6	85.8	98
BLG-1-14	251	462	69.6	1.85	0.368 2	0.010 1	0.050 6	0.000 8	0.052 7	0.001 7	318.3	7.5	318.4	4.6	317.0	69.6	98
BLG-1-16	281	560	78.8	1.99	0.364 1	0.009 1	0.050 3	0.000 7	0.052 5	0.001 5	315.3	6.8	316.5	4.5	305.8	65.1	98
BLG-1-17	164	193	41.0	1.18	0.375 0	0.009 1	0.050 1	0.000 7	0.054 3	0.001 6	323.5	6.7	315.1	4.4	382.4	62.9	99
BLG-1-19	278	449	75.0	1.62	0.356 5	0.007 7	0.049 2	0.000 7	0.052 8	0.001 4	309.6	5.8	308.2	4.3	319.9	58.7	99
BLG-1-20	215	470	63.5	2.18	0.365 2	0.012 4	0.049 8	0.000 8	0.053 1	0.002 0	316.1	9.2	313.5	4.7	334.6	82.5	99
BLG-1-21	94	96	22.9	1.02	0.374 9	0.011 0	0.048 9	0.000 8	0.055 6	0.001 8	323.3	8.1	308.0	4.5	434.2	71.8	98
BLG-1-23	940	796	241	0.85	0.377 1	0.008 2	0.050 6	0.000 7	0.054 1	0.001 5	324.9	6.0	318.1	4.4	373.7	58.3	98
BLG-1-28	250	335	65.3	1.34	0.358 5	0.011 0	0.048 9	0.000 8	0.053 1	0.001 8	311.1	8.2	308.0	4.5	334.2	76.3	99
BLG-1-29	174	221	43.8	1.27	0.351 2	0.010 1	0.048 2	0.000 7	0.052 9	0.001 7	305.6	7.6	303.3	4.4	323.1	72.7	98
BLG-1-30	145	144	35.3	0.99	0.359 2	0.010 0	0.049 5	0.000 7	0.052 6	0.001 7	311.6	7.5	311.5	4.5	311.5	70.7	99
BLG-1-31	318	379	81.3	1.19	0.358 5	0.011 4	0.048 6	0.000 7	0.053 5	0.001 9	311.1	8.5	306.0	4.6	348.9	78.5	99

续表 3.3

点号	含量/×10⁻⁶			Th/U	比值						年龄/Ma						谐和度/%
	U	Th	Pb		$^{207}Pb/^{235}U$	1σ	$^{206}Pb/^{238}U$	1σ	$^{207}Pb/^{206}Pb$	1σ	$^{207}Pb/^{235}U$	1σ	$^{206}Pb/^{238}U$	1σ	$^{207}Pb/^{206}Pb$	1σ	
BLG-1-32	254	584	71.8	2.30	0.359 0	0.009 1	0.049 3	0.000 7	0.052 8	0.001 6	311.5	6.8	310.5	4.4	318.4	66.2	99
BLG-1-33	135	140	35.0	1.04	0.353 0	0.014 6	0.048 1	0.000 8	0.053 2	0.002 4	307.0	11.0	302.8	4.8	338.7	98.0	98
BLG-1-24	259	394	69.0	1.52	0.358 7	0.011 3	0.048 4	0.000 7	0.053 8	0.001 9	311.3	8.5	304.4	4.5	362.7	77.8	99
BLG-1-35	205	312	53.3	1.52	0.378 2	0.009 3	0.049 2	0.000 7	0.055 8	0.001 6	325.7	6.8	309.4	4.4	443.7	63.1	98
BLG-1-25	197	229	49.0	1.17	0.379 0	0.011 6	0.048 6	0.000 7	0.056 6	0.002 0	326.3	8.6	305.9	4.5	473.6	75.6	98
BLG-1-26	93	99	22.8	1.07	0.376 9	0.012 9	0.049 1	0.000 8	0.055 7	0.002 1	324.7	9.5	309.0	4.7	438.8	82.3	99
BLG-1-27	230	344	58.9	1.49	0.372 2	0.009 8	0.050 9	0.000 7	0.053 1	0.001 6	321.3	7.3	319.9	4.5	330.7	68.2	98
BLG-21-1	163	201	40.4	1.23	0.354 1	0.014 0	0.048 8	0.000 8	0.052 6	0.002 2	307.8	10.5	307.1	4.9	312.6	94.1	100
BLG-21-2	132	144	33.7	1.09	0.355 7	0.013 8	0.048 9	0.000 8	0.052 7	0.002 2	309.0	10.3	307.8	4.9	317.7	92.3	100
BLG-21-3	158	213	38.7	1.35	0.356 3	0.010 8	0.048 9	0.000 7	0.052 9	0.001 8	309.5	8.1	307.7	4.5	323.1	74.9	100
BLG-21-4	297	429	76.6	1.45	0.353 3	0.007 7	0.049 2	0.000 7	0.052 0	0.001 4	307.2	5.8	309.9	4.3	286.9	58.7	99
BLG-21-5	301	433	78.2	1.44	0.366 5	0.008 5	0.049 5	0.000 7	0.053 7	0.001 5	317.1	6.3	311.2	4.3	359.9	60.3	99
BLG-21-6	192	211	48.0	1.10	0.359 8	0.010 6	0.049 9	0.000 7	0.052 3	0.001 6	312.0	7.3	314.0	4.5	297.4	69.0	98
BLG-21-7	134	138	33.6	1.03	0.350 8	0.012 0	0.048 9	0.000 8	0.052 1	0.002 0	305.4	9.0	307.5	4.7	289.0	83.4	99
BLG-21-8	343	531	91.1	1.55	0.353 5	0.007 4	0.048 6	0.000 7	0.052 8	0.001 3	307.4	5.6	305.8	4.2	319.0	56.7	100
BLG-21-9	248	407	63.8	1.64	0.357 9	0.010 4	0.049 3	0.000 7	0.052 7	0.001 7	310.6	7.8	310.0	4.5	314.7	72.8	99
BLG-21-10	216	394	57.7	1.83	0.352 5	0.010 6	0.048 7	0.000 7	0.052 4	0.001 8	306.6	7.9	306.8	4.5	304.8	74.7	100
BLG-21-11	381	205	86.7	0.54	0.348 8	0.008 5	0.048 3	0.000 7	0.052 3	0.001 5	303.8	6.4	304.3	4.3	299.9	63.7	99
BLG-21-12	347	486	85.7	1.40	0.351 1	0.006 4	0.048 9	0.000 7	0.052 1	0.001 2	305.6	4.8	307.5	4.1	289.9	52.4	99
BLG-21-13	276	305	68.2	1.11	0.359 6	0.007 5	0.049 1	0.000 7	0.053 1	0.001 4	311.9	5.6	308.8	4.2	334.3	56.8	100
BLG-21-14	299	587	80.4	1.96	0.351 6	0.007 9	0.048 0	0.000 7	0.053 1	0.001 4	305.9	6.0	302.2	4.2	334.1	60.1	99
BLG-21-15	97	150	25.1	1.54	0.349 4	0.013 6	0.048 2	0.000 8	0.052 6	0.002 2	304.3	10.2	303.5	4.7	309.2	93.0	99

第3章 宝力格铅锌矿点及花岗杂岩体

续表 3.3

点号	含量/×10⁻⁶				比值						年龄/Ma						谐和度/%
	U	Th	Pb	Th/U	$^{207}Pb/^{235}U$	1σ	$^{206}Pb/^{238}U$	1σ	$^{207}Pb/^{206}Pb$	1σ	$^{207}Pb/^{235}U$	1σ	$^{206}Pb/^{238}U$	1σ	$^{207}Pb/^{206}Pb$	1σ	
BLG-21-16	95	88	22.9	0.93	0.352 7	0.018 3	0.047 7	0.000 9	0.053 6	0.002 5	306.7	13.7	300.3	5.3	355.2	118.7	99
BLG-21-17	223	393	61.7	1.76	0.366 3	0.009 2	0.048 9	0.000 7	0.054 3	0.001 6	316.9	6.8	308.0	4.4	382.2	64.4	99
BLG-21-18	332	361	75.4	1.09	0.354 4	0.016 6	0.049 5	0.000 8	0.052 0	0.002 2	308.0	12.3	311.2	5.0	283.5	108.6	99
BLG-21-21	242	191	59.5	0.79	0.363 7	0.009 0	0.048 3	0.000 7	0.054 6	0.001 6	315.0	6.7	304.2	4.3	394.8	63.7	98
BLG-21-22	223	325	58.6	1.46	0.360 8	0.010 3	0.050 5	0.000 7	0.051 9	0.001 7	312.8	7.7	317.3	4.5	278.7	72.7	98
BLG-21-23	273	432	73.8	1.58	0.352 3	0.007 9	0.048 6	0.000 7	0.052 6	0.001 4	306.4	5.9	305.9	4.2	309.9	60.2	99
BLG-21-24	247	326	64.5	1.32	0.353 7	0.008 8	0.049 3	0.000 7	0.052 0	0.001 5	307.5	6.6	310.5	4.3	284.5	65.3	99
BLG-21-25	141	154	34.7	1.09	0.355 4	0.011 0	0.049 5	0.000 7	0.052 1	0.001 8	308.8	8.2	311.3	4.5	289.2	77.3	99
BLG-21-26	231	290	56.7	1.25	0.351 6	0.011 6	0.048 1	0.000 7	0.053 0	0.001 9	305.9	8.7	302.8	4.5	328.6	81.2	99
BLG-21-28	202	338	53.2	1.67	0.367 2	0.008 3	0.049 8	0.000 7	0.053 5	0.001 5	317.6	6.2	313.1	4.3	350.2	61.0	98
BLG-21-29	195	315	51.4	1.62	0.368 7	0.009 4	0.048 7	0.000 7	0.054 9	0.001 6	318.7	7.0	306.6	4.3	407.3	64.9	98
BLG-21-30	302	469	78.9	1.55	0.353 4	0.008 4	0.048 6	0.000 7	0.052 7	0.001 5	307.3	6.3	305.9	4.2	317.7	63.4	100
BLG-21-31	191	211	48.0	1.10	0.361 2	0.012 6	0.048 5	0.000 8	0.054 0	0.002 1	313.1	9.4	305.3	4.6	371.6	84.5	99
BLG-21-32	171	238	43.2	1.39	0.362 4	0.010 6	0.048 3	0.000 7	0.054 4	0.001 8	314.0	7.9	304.3	4.4	385.9	72.9	99
BLG-21-33	256	366	68.9	1.43	0.356 8	0.008 6	0.049 0	0.000 7	0.052 8	0.001 5	309.8	6.4	308.4	4.3	319.8	64.1	100
BLG-21-35	261	335	68.4	1.29	0.359 9	0.010 0	0.047 5	0.000 7	0.054 9	0.001 8	312.1	7.5	299.3	4.3	409.3	69.9	98
BLG-2-1	248	436	63.9	1.76	0.332 7	0.013 0	0.045 7	0.000 7	0.052 7	0.002 3	291.6	9.9	288.3	4.4	317.6	94.5	98
BLG-2-2	319	578	80.9	1.81	0.364 9	0.011 5	0.046 5	0.000 7	0.056 9	0.002 0	315.9	8.6	293.3	4.3	485.1	78.0	98
BLG-2-3	154	226	37.9	1.46	0.339 2	0.018 4	0.046 5	0.000 8	0.052 9	0.003 1	296.6	14.0	292.8	5.2	326.3	125.4	99
BLG-2-4	346	191	78.3	0.55	0.341 2	0.009 0	0.046 9	0.000 7	0.052 8	0.001 7	298.1	6.8	295.2	4.1	320.6	69.3	99
BLG-2-5	197	237	47.6	1.20	0.373 0	0.011 9	0.047 5	0.000 7	0.057 0	0.002 1	321.9	8.8	298.9	4.4	490.7	78.3	98

续表 3.3

点号	含量/×10⁻⁶ U	Th	Pb	Th/U	比值 $^{207}Pb/^{235}U$	1σ	$^{206}Pb/^{238}U$	1σ	$^{207}Pb/^{206}Pb$	1σ	年龄/Ma $^{207}Pb/^{235}U$	1σ	$^{206}Pb/^{238}U$	1σ	$^{207}Pb/^{206}Pb$	1σ	谐和度/%
BLG-2-6	208	330	51.5	1.59	0.339 4	0.015 7	0.046 1	0.000 8	0.053 4	0.002 7	296.7	11.9	290.4	4.8	345.8	108.4	99
BLG-2-7	242	294	55.3	1.22	0.346 7	0.015 0	0.045 1	0.000 8	0.055 8	0.002 6	302.3	11.3	284.0	4.6	444.6	101.2	97
BLG-2-8	255	405	71.6	1.59	0.346 7	0.010 4	0.048 5	0.000 7	0.051 9	0.001 8	302.2	7.8	305.1	4.4	279.4	76.2	98
BLG-2-9	227	271	56.0	1.19	0.349 2	0.010 2	0.047 8	0.000 7	0.053 0	0.001 8	304.1	7.7	301.1	4.3	326.8	74.6	99
BLG-2-10	170	204	40.5	1.20	0.349 7	0.019 5	0.047 1	0.000 9	0.053 9	0.003 2	304.5	14.7	296.6	5.4	365.0	127.4	100
BLG-2-11	157	252	39.3	1.61	0.343 6	0.013 7	0.046 9	0.000 7	0.053 1	0.002 3	299.9	10.4	295.4	4.6	334.5	95.1	100
BLG-2-13	171	211	39.9	1.23	0.338 3	0.010 2	0.046 0	0.000 7	0.053 3	0.001 8	295.9	7.7	290.1	4.2	340.6	75.7	99
BLG-2-14	100	83	23.8	0.83	0.345 6	0.015 9	0.047 4	0.000 7	0.052 8	0.002 6	301.4	12.0	298.8	4.9	321.1	108.3	99
BLG-2-15	90	104	22.1	1.14	0.348 9	0.014 0	0.047 0	0.000 8	0.053 9	0.002 4	303.9	10.5	295.8	4.6	365.8	94.7	100
BLG-2-16	230	384	58.6	1.67	0.337 2	0.009 7	0.046 8	0.000 7	0.052 3	0.001 7	295.0	7.3	294.5	4.2	298.4	73.0	99
BLG-2-17	64	45	15.4	0.71	0.356 3	0.017 8	0.047 9	0.000 8	0.054 0	0.002 9	309.5	13.4	301.5	5.1	369.3	115.0	99
BLG-2-19	242	351	58.6	1.45	0.348 3	0.011 1	0.048 0	0.000 7	0.052 6	0.001 8	303.5	8.3	302.2	4.4	312.6	79.1	98
BLG-2-20	59	63	14.8	1.07	0.348 9	0.020 6	0.048 0	0.000 9	0.052 7	0.003 3	303.9	15.5	302.1	5.5	316.7	134.9	99
BLG-2-21	174	202	41.2	1.16	0.331 0	0.012 5	0.046 0	0.000 7	0.052 2	0.002 2	290.3	9.5	289.9	4.4	292.7	91.4	98
BLG-2-23	265	536	68.7	2.02	0.345 6	0.011 1	0.046 9	0.000 7	0.053 4	0.001 9	301.4	8.4	295.4	4.4	347.6	79.0	100
BLG-2-24	231	315	58.3	1.37	0.348 9	0.010 4	0.047 2	0.000 7	0.053 7	0.001 8	303.9	7.8	297.1	4.3	356.2	74.1	100
BLG-2-25	126	193	24.3	1.53	0.333 8	0.017 1	0.046 3	0.000 8	0.052 3	0.002 8	292.4	13.0	291.4	5.1	299.8	119.2	99
BLG-2-27	237	573	64.3	2.42	0.352 5	0.010 7	0.048 4	0.000 8	0.052 8	0.001 8	306.6	8.0	304.7	4.4	320.4	75.8	98
BLG-2-28	204	188	48.2	0.92	0.344 8	0.011 2	0.047 2	0.000 7	0.052 9	0.001 9	300.8	8.5	297.4	4.4	326.2	80.1	100
BLG-2-30	85	71	20.1	0.83	0.341 1	0.015 4	0.047 0	0.000 8	0.053 4	0.002 5	298.0	11.7	297.5	4.9	300.8	106.6	99
BLG-2-31	96	144	22.9	1.50	0.339 1	0.014 4	0.047 0	0.000 8	0.052 4	0.002 4	296.5	10.9	295.9	4.7	301.1	100.5	99
BLG-2-32	201	252	41.7	1.26	0.348 7	0.012 8	0.047 2	0.000 8	0.053 6	0.002 2	303.7	9.7	297.3	4.6	352.6	88.1	100
BLG-2-34	449	797	104	1.77	0.369 0	0.009 8	0.047 8	0.000 7	0.056 0	0.001 7	318.9	7.3	300.8	4.3	452.7	66.6	98

3.3.2 锆石 Hf 同位素特征

锆石 Hf 同位素分析结果见表 3.4。$\varepsilon_{Hf}(t)$ 和 T_{DM} 误差在分析误差的基础上进行计算,但模型的误差可能导致更大的 Hf 模式年龄误差(Zheng et al.,2005)。

样品 BLG-1 锆石的 Hf 同位素分析结果显示 $^{176}Lu/^{177}Hf$ 和 $^{176}Hf/^{177}Hf$ 值分别为 0.001 111~0.002 356 和 0.282 749~0.282 962;计算的 $\varepsilon_{Hf}(t)$ 值为 5.7~13.2,$f_{Lu/Hf}$ 为 $-0.97 \sim -0.93$,二阶段模式年龄(T_{DM2})为 1244~557Ma。BLG-21 与 BLG-1 具有相似的 Lu-Hf 同位素特征,$^{176}Lu/^{177}Hf$ 和 $^{176}Hf/^{177}Hf$ 值分别为 0.001 103~0.002 528 和 0.282 729~0.282 906;$\varepsilon_{Hf}(t)$ 值为 4.7~11.3,$f_{Lu/Hf}$ 为 $-0.97 \sim -0.92$,二阶段模式年龄(T_{DM2})为 1324~725Ma(图 3.9)。BLG-1 与 BLG-21 和 BLG-2 相比,$^{176}Lu/^{177}Hf$ 值(0.001 255~0.002 081)略低,$f_{Lu/Hf}$ 为 $-0.96 \sim -0.94$,而 $^{176}Hf/^{177}Hf$ 值(0.283 037~0.283 190)和 $\varepsilon_{Hf}(t)$ 值(15.6~20.9)显著偏高,并且 $\varepsilon_{Hf}(t) > 2\varepsilon_{Nd}(t)$,Hf 与 Nd 同位素之间发生解耦现象(Vervoort and Patchett,1996;吴福元等,2007a)。

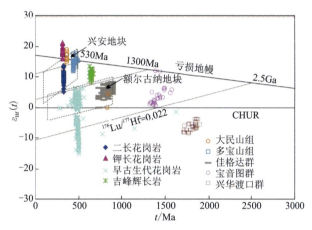

图 3.9 宝力格二长花岗岩和钾长花岗岩锆石 $\varepsilon_{Hf}(t)$ 值-U-Pb 年龄图解

注:亏损地幔 $^{176}Lu/^{177}Hf = 0.038\ 4$ 及 $^{176}Hf/^{177}Hf = 0.283\ 25$,据 Griffin 等(2000);兴蒙造山带和燕山褶皱带范围数据据文献 Yang 等(2006);大兴安岭早古生代花岗岩数据据文献葛文春等(2007)和张彦龙等(2010);吉峰辉长岩数据据冯志强(2015);宝音图群数据据孙立新等(2013a);兴华渡口群数据据孙立新等(2013b);佳格达群数据据 Tang 等(2013);多宝山组数据据 Wu 等(2015);大民山组数据据赵芝等(2010)。

3.3.3 全岩 Sr-Nd 同位素特征

Rb-Sr 同位素分析结果见表 3.5。采用 ^{87}Rb 的平均同位素丰度 27.83 ‰ 计算 $^{87}Rb/^{86}Sr$ 值。二长花岗岩的 $^{87}Rb/^{86}Sr$ 和 $^{87}Sr/^{86}Sr$ 分别介于 0.50~1.38 和 0.706 030~0.709 602 之间,I_{Sr} 介于 0.703 63~0.703 86 之间。钾长花岗岩 $^{87}Rb/^{86}Sr$ 和 $^{87}Sr/^{86}Sr$ 分别为 1.47~3.31 和 0.712 573~0.718 498,I_{Sr} 范围在 0.703 64~0.704 06 之间(图 3.10)。

表 3.4 宝力格花岗岩类 Lu-Hf 同位素组成

点号	年龄/Ma	$^{176}Yb/^{177}Hf$	1σ	$^{176}Lu/^{177}Hf$	1σ	$^{176}Hf/^{177}Hf$	1σ	$\varepsilon_{Hf}(0)$	$\varepsilon_{Hf}(t)$	T_{DM1}/Ma	T_{DM2}/Ma	$f_{Lu/Hf}$
BLG-1-2	311	0.058 441	0.000 148	0.001 983	0.000 003	0.282 826	0.000 008	1.9	8.3	621	1000	−0.94
BLG-1-3	311	0.042 666	0.000 236	0.001 526	0.000 006	0.282 875	0.000 010	3.6	10.	542	831	−0.95
BLG-1-4	311	0.056 798	0.000 131	0.001 911	0.000 005	0.282 882	0.000 007	3.9	10.4	537	815	−0.94
BLG-1-6	311	0.041 991	0.000 075	0.001 432	0.000 002	0.282 846	0.000 008	2.6	9.2	583	925	−0.96
BLG-1-7	311	0.057 338	0.000 136	0.001 962	0.000 006	0.282 841	0.000 007	2.4	8.9	598	950	−0.94
BLG-1-9	311	0.055 912	0.000 098	0.001 906	0.000 004	0.282 749	0.000 008	−0.8	5.7	730	1244	−0.94
BLG-1-11	311	0.069 152	0.000 209	0.002 356	0.000 008	0.282 863	0.000 008	3.2	9.6	572	886	−0.93
BLG-1-14	311	0.031 950	0.000 054	0.001 111	0.000 002	0.282 850	0.000 009	2.8	9.4	572	903	−0.97
BLG-1-16	311	0.061 685	0.000 109	0.002 153	0.000 003	0.282 818	0.000 009	1.6	8.0	635	1026	−0.94
BLG-1-17	311	0.054 059	0.000 062	0.001 884	0.000 003	0.282 863	0.000 006	3.2	9.7	565	877	−0.94
BLG-1-19	311	0.060 346	0.000 057	0.002 072	0.000 002	0.282 828	0.000 008	2.0	8.4	619	993	−0.94
BLG-1-20	311	0.039 439	0.000 263	0.001 363	0.000 009	0.282 862	0.000 009	3.0	9.7	559	871	−0.96
BLG-1-24	311	0.057 442	0.000 317	0.001 997	0.000 010	0.282 962	0.000 008	6.7	13.2	422	557	−0.94
BLG-1-25	311	0.034 473	0.000 076	0.001 223	0.000 004	0.282 949	0.000 008	6.3	12.9	432	585	−0.96
BLG-1-27	311	0.057 351	0.000 093	0.002 043	0.000 004	0.282 822	0.000 008	1.8	8.2	627	1012	−0.94
BLG-1-28	311	0.050 300	0.000 429	0.001 759	0.000 014	0.282 860	0.000 006	3.1	9.6	568	885	−0.95
BLG-1-30	311	0.054 751	0.000 018	0.001 948	0.000 001	0.282 867	0.000 006	3.4	9.8	560	864	−0.94
BLG-1-32	311	0.054 157	0.000 328	0.001 953	0.000 013	0.282 849	0.000 007	2.7	9.2	586	923	−0.94
BLG-21-5	307	0.046 926	0.000 134	0.001 718	0.000 006	0.282 835	0.000 008	2.2	8.6	603	969	−0.95

第3章 宝力格铅锌矿点及花岗杂岩体

续表3.4

点号	年龄/Ma	^{176}Yb/^{177}Hf	1σ	^{176}Lu/^{177}Hf	1σ	^{176}Hf/^{177}Hf	1σ	ε$_{Hf}$(0)	ε$_{Hf}$(t)	T_{DM1}/Ma	T_{DM2}/Ma	$f_{Lu/Hf}$
BLG-21-6	307	0.048 686	0.000 092	0.001 859	0.000 003	0.282 856	0.000 010	3.0	9.3	575	904	−0.94
BLG-21-7	307	0.057 881	0.000 197	0.001 976	0.000 006	0.282 815	0.000 011	1.5	7.9	637	1040	−0.94
BLG-21-8	307	0.037 455	0.000 073	0.001 310	0.000 002	0.282 843	0.000 009	2.5	9.0	585	936	−0.96
BLG-21-9	307	0.031 829	0.000 086	0.001 137	0.000 002	0.282 897	0.000 009	4.4	10.9	506	759	−0.97
BLG-21-13	307	0.060 756	0.000 364	0.002 372	0.000 013	0.282 729	0.000 012	−1.5	4.7	770	1324	−0.93
BLG-21-14	307	0.039 982	0.000 101	0.001 486	0.000 002	0.282 872	0.000 011	3.5	10.0	546	845	−0.96
BLG-21-15	307	0.042 285	0.000 154	0.001 513	0.000 005	0.282 804	0.000 010	1.1	7.6	645	1067	−0.95
BLG-21-16	307	0.038 384	0.000 071	0.001 423	0.000 001	0.282 870	0.000 008	3.5	9.9	545	852	−0.96
BLG-21-17	307	0.072 351	0.000 516	0.002 528	0.000 016	0.282 791	0.000 011	0.7	6.9	681	1126	−0.92
BLG-21-23	307	0.057 166	0.000 066	0.002 054	0.000 002	0.282 828	0.000 008	2.0	8.3	619	998	−0.94
BLG-21-22	307	0.053 128	0.000 124	0.001 865	0.000 003	0.282 814	0.000 008	1.5	7.8	636	1041	−0.94
BLG-21-25	307	0.052 421	0.000 103	0.001 845	0.000 005	0.282 812	0.000 007	1.4	7.8	639	1047	−0.94
BLG-21-28	307	0.041 087	0.000 123	0.001 559	0.000 004	0.282 816	0.000 008	1.5	8.0	629	1029	−0.95
BLG-21-29	307	0.050 995	0.000 128	0.001 867	0.000 003	0.282 837	0.000 007	2.3	8.7	603	967	−0.94
BLG-21-30	307	0.030 649	0.000 101	0.001 103	0.000 003	0.282 833	0.000 008	2.2	8.7	597	965	−0.97
BLG-21-35	307	0.048 787	0.000 083	0.001 744	0.000 003	0.282 911	0.000 007	5.0	11.3	494	724	−0.95
BLG-2-2	296	0.046 777	0.000 294	0.001 721	0.000 009	0.283 086	0.000 009	11.1	17.3	—	—	−0.95
BLG-2-4	296	0.044 573	0.000 244	0.001 600	0.000 007	0.283 104	0.000 011	11.7	18.0	—	—	−0.95
BLG-2-5	296	0.049 549	0.000 104	0.001 741	0.000 006	0.283 132	0.000 009	12.8	18.9	—	—	−0.95
BLG-2-10	296	0.048 209	0.000 034	0.001 729	0.000 002	0.283 073	0.000 011	10.7	16.8	—	—	−0.95

续表 3.4

点号	年龄/Ma	^{176}Yb/^{177}Hf	1σ	^{176}Lu/^{177}Hf	1σ	^{176}Hf/^{177}Hf	1σ	$\varepsilon_{Hf}(0)$	$\varepsilon_{Hf}(t)$	T_{DM1}/Ma	T_{DM2}/Ma	$f_{Lu/Hf}$
BLG-2-11	296	0.044 280	0.000 221	0.001 613	0.000 008	0.283 142	0.000 009	13.1	19.3	—	—	−0.95
BLG-2-14	296	0.046 617	0.000 136	0.001 667	0.000 005	0.283 097	0.000 010	11.5	17.7	—	—	−0.95
BLG-2-15	296	0.058 661	0.000 354	0.002 081	0.000 012	0.283 190	0.000 010	14.8	20.9	—	—	−0.94
BLG-2-24	296	0.056 924	0.000 477	0.002 005	0.000 017	0.283 112	0.000 010	12.0	18.1	—	—	−0.94
BLG-2-27	296	0.034 215	0.000 248	0.001 255	0.000 008	0.283 037	0.000 011	9.4	15.6	—	—	−0.96
BLG-2-30	296	0.047 154	0.000 115	0.001 665	0.000 003	0.283 038	0.000 008	9.4	15.6	—	—	−0.95

注：$\varepsilon_{Hf}(0)=[(^{176}Hf/^{177}Hf)_S/(^{176}Hf/^{177}Hf)_{CHUR,0}-1]\times 10\ 000$；$\varepsilon_{Hf}(t)=\{[[(^{176}Hf/^{177}Hf)_S-(^{176}Lu/^{177}Hf)_S\times(e^{\lambda t}-1)]/[(^{176}Hf/^{177}Hf)_{CHUR,0}-(^{176}Lu/^{177}Hf)_{CHUR}\times(e^{\lambda t}-1)]-1]\times 10\ 000$；$t=$样品形成年龄；$\lambda=1.867\times 10^{(-11)}\ a^{-1}$(据 Scherer et al.,2000)；$T_{DM1}=(1/\lambda)\times \ln\{1+[(^{176}Hf/^{177}Hf)_S-(^{176}Hf/^{177}Hf)_{DM}]/[(^{176}Lu/^{177}Hf)_S-(^{176}Lu/^{177}Hf)_{DM}]\}$；$T_{DM2}=T_{DM1}-(T_{DM1}-t)[(f_{LC}-f_S)/(f_{CC}-f_{DM})]$；$(f_{Lu/Hf})_S=(^{176}Lu/^{177}Hf)_S/(^{176}Lu/^{177}Hf)_{CHUR}-1$；$f_{LC}=(^{176}Lu/^{177}Hf)_{LC}/(^{176}Lu/^{177}Hf)_{CHUR}-1$；$f_{DM}=(^{176}Lu/^{177}Hf)_{DM}/(^{176}Lu/^{177}Hf)_{CHUR}-1$；$(^{176}Hf/^{177}Hf)_{CHUR,0}=0.282\ 772$(据 Blichert-Toft and Albarède F,1997)；$(^{176}Lu/^{177}Hf)_{CHUR}=0.033\ 2$，$(^{176}Hf/^{177}Hf)_{DM}=0.038\ 4$，$(^{176}Lu/^{177}Hf)_{DM}=0.283\ 25$(据 Griffin et al.,2000)；$(^{176}Lu/^{177}Hf)_{LC}=0.002\ 2$(据 Amelin et al.,1999)；$(^{176}Lu/^{177}Hf)_S$ 和 $(^{176}Hf/^{177}Hf)_S$ 为样品测定值，f_S、f_{CC} 和 f_{DM} 分别为样品、大陆地壳和亏损地幔地壳的 $f_{Lu/Hf}$。

第3章 宝力格铅锌矿点及花岗杂岩体

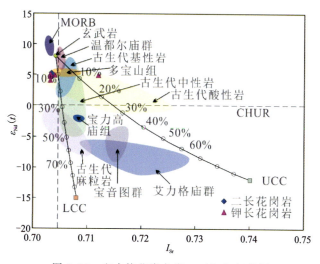

图 3.10 宝力格花岗杂岩 $\varepsilon_{Nd}(t)$-I_{Sr} 相关图

注:MORB:洋中脊玄武岩,数据据 Zindler and Hart(1986);大兴安岭地区古生代片麻岩数据据 Liu 等(2010a);基性岩据 Chen 等(2000)和 Dolgopolova 等(2013);中性岩数据据 Liu 等(2010a)、Chen 等(2000)、王瑾(2009)和 Dolgopolova 等(2013);酸性岩数据据 Guo 等(2013);宝音图群数据据 Xu 等(2000);艾力格庙群数据据 Xu 等(2008);温都尔庙群数据据 Zhang and Wu(1998);多宝山组数据据 Wu 等(2015);宝力高庙组数据据 Fu 等(2016);宝力格组数据据李可等(2014);反算至 $t=310$Ma。

表 3.5 宝力格二长花岗岩与钾长花岗岩 Rb-Sr 同位素组成

点号	年龄/Ma	Rb/$\times 10^{-6}$	Sr/$\times 10^{-6}$	^{87}Rb/^{86}Sr	^{87}Sr/^{86}Sr	1σ	$(^{87}$Sr/^{86}Sr$)_i$
BLG-1	310	101.7	281.4	1.03	0.708 077	0.000 006	0.703 63
BLG-15	307	89.2	283.5	0.90	0.707 625	0.000 003	0.703 86
BLG-21	307	109.2	228.5	1.38	0.709 602	0.000 003	0.703 84
BLG-28	307	57.5	330.0	0.50	0.706 030	0.000 005	0.703 84
BLG-2	296	99.5	133.5	2.14	0.712 573	0.000 006	0.703 66
BLG-5	296	133.1	116.3	3.31	0.717 665	0.000 006	0.704 06
BLG-7	296	102.9	201.0	1.47	0.718 498	0.000 004	0.712 62
BLG-8	296	109.2	114.0	2.91	0.716 322	0.000 004	0.704 06
BLG-18	296	105.4	110.0	2.77	0.715 327	0.000 006	0.703 64

注:$I_{Sr} = (^{87}$Sr/^{86}Sr$)_S - (^{87}$Rb/^{86}Sr$)_S \times (e^{\lambda t}-1)$;$t=268$;$\lambda=1.42\times 10^{(-5)}$a^{-1}(据 Steiger et al.,1977)。

端元混合模型据 DePaolo and Wasserburg(1976),平均下地壳(UCC)和平均上地壳(LCC)以佳木斯地块马山群片麻岩为代表,计算参数见表 3.6(Wu et al.,2000)。

表 3.6 端元混合模型数据参数

参数	玄武岩	平均上地壳(UCC)	平均下地壳(LCC)
^{87}Sr/^{86}Sr	0.704	0.740	0.708
[Sr]$\times 10^{-6}$	200	250	230
$\varepsilon_{Nd}(t)$	+8	−12	−15
[Nd]$\times 10^{-6}$	15	30	20

Sm-Nd 同位素分析结果见表 3.7。^{147}Sm 的衰变常数采用 6.54×10^{-12} a^{-1}(Lugmair and Marti,1978)。^{87}Rb/^{86}Sr 和 ^{147}Sm/^{144}Nd,根据样品微量元素含量及同位素丰度计算获得,其中 ^{87}Rb 和 ^{147}Sm 同位素丰度分别采用平均值 27.83% 和 15.1%,^{86}Sr 和 ^{144}Nd 同位素丰度根据测试结果计算获得。依据球粒陨石储库(CHUR)的 ^{147}Sm/^{144}Nd=0.1967 和 ^{143}Nd/^{144}Nd=0.512638(Hamilton et al.,1979)计算样品形成的初始 ^{143}Nd/^{143}Nd 及 $\varepsilon_{Nd}(t)$ 值。依据现今亏损地幔的 ^{147}Sm/^{144}Nd=0.2137 和 ^{143}Nd/^{144}Nd=0.51315(Peucat et al.,1989)进行单阶段模式年龄(T_{DM1})计算。二阶段模式年龄(T_{DM2})计算假设下地壳的 ^{147}Sm/^{143}Nd 为 0.151(Toylor and McClennan,1985)。二长花岗岩 ^{147}Sm/^{144}Nd 及 ^{143}Nd/^{144}Nd 分别介于 0.0971~0.1099 和 0.512637~0.512720 之间,$\varepsilon_{Nd}(t)$ 变化在 3.6~5.2 之间(表 3.7),利用两阶段模式(Liew and Hofmann,1988)计算出岩体的两阶段 Nd 同位素模式年龄 T_{2DM} 值在 1015~821Ma 之间,平均为 900Ma。钾长花岗岩 ^{147}Sm/^{144}Nd 及 ^{143}Nd/^{144}Nd 分别为 0.1100~0.1194 和 0.512715~0.512755,$\varepsilon_{Nd}(t)$ 变化于 4.0~5.1 之间(图 3.10),计算获得的两阶段 Nd 同位素模式年龄 T_{DM2} 值在 957~832Ma 之间,平均值为 867Ma。二长花岗岩 Nd 同位素与 Hf 同位素两阶段模式年龄在误差范围内一致,与 Hf 同位素存在耦合关系,即 $\varepsilon_{Hf(t)} \approx 2\varepsilon_{Nd}(t)$ (Vervoort and Patchett,1996;吴福元等,2007a)。

表 3.7 宝力格二长花岗岩及钾长花岗岩 Sm-Nd 同位素数据

样号	年龄/Ma	Sm/$\times 10^{-6}$	Nd/$\times 10^{-6}$	^{147}Sm/^{144}Nd	^{143}Nd/^{144}Nd	1σ	$\varepsilon_{Nd}(0)$	$\varepsilon_{Nd}(t)$	T_{DM1}/Ma	T_{DM2}/Ma
BLG-1	310	2.18	12.0	0.1099	0.512720	0.000002	1.6	5.0	632	843
BLG-15	307	2.83	15.6	0.1099	0.512689	0.000002	1.0	4.4	676	919
BLG-21	307	2.89	18.0	0.0971	0.512704	0.000002	1.3	5.2	583	821
BLG-28	307	3.60	21.1	0.1032	0.512637	0.000017	0.0	3.6	709	1015
BLG-2	296	2.26	12.4	0.1100	0.512723	0.000001	1.7	4.9	630	846
BLG-5	296	2.11	10.8	0.1182	0.512738	0.000009	2.0	4.9	658	847
BLG-7	296	2.90	14.7	0.1194	0.512731	0.000001	1.8	4.7	678	871
BLG-8	296	1.68	9.9	0.1027	0.512715	0.000002	1.5	5.1	599	832
BLG-10	296	2.45	11.7	0.1267	0.512755	0.000239	2.3	4.9	693	848
BLG-18	296	2.23	11.0	0.1227	0.512702	0.000002	1.2	4.0	751	957

注:$\varepsilon_{Nd}(0) = [(^{143}Nd/^{144}Nd)_S/(^{143}Nd/^{144}Nd)_{CHUR,0} - 1] \times 10000$;$\varepsilon_{Nd}(t) = \{[(^{143}Nd/^{144}Nd)_S - (^{147}Sm/^{144}Nd)_S \times (e^{\lambda t} - 1)]/[(^{143}Nd/^{144}Nd)_{CHUR,0} - (^{147}Sm/^{144}Nd)_{CHUR} \times (e^{\lambda t} - 1)] - 1\} \times 10000$;$T_{DM1} = (1/\lambda) \times \ln\{1 + [(^{143}Nd/^{144}Nd)_S - (^{143}Nd/^{144}Nd)_{DM}]/[(^{147}Sm/^{144}Nd)_S - (^{147}Sm/^{144}Nd)_{DM}]\}$;$T_{DM2} = T_{DM1} - (T_{DM1} - t)[(f_{LC} - f_S)/(f_{LC} - f_{DM})]$;$(f_{Sm/Nd}) = (^{147}Sm/^{144}Nd)_S/(^{147}Sm/^{144}Nd)_{CHUR} - 1$;$f_{LC} = (^{147}Sm/^{144}Nd)_{LC}/(^{147}Sm/^{144}Nd)_{CHUR} - 1$;$f_{DM} = (^{147}Sm/^{144}Nd)_{DM}/(^{147}Sm/^{144}Nd)_{CHUR} - 1$;$\lambda = 6.54 \times 10^{-12}$ a^{-1}(据 Lugmair and Marti,1978);$(^{147}Sm/^{144}Nd)_{CHUR} = 0.1967$;$(^{143}Nd/^{144}Nd)_{CHUR,0} = 0.512638$(据 Hamilton et al.,1979);$(^{147}Sm/^{144}Nd)_{DM} = 0.2137$;$(^{143}Nd/^{144}Nd)_{DM} = 0.51315$(据 Peucat et al.,1989);$(^{147}Sm/^{144}Nd)_{LC} = 0.151$(Taylor and McClennan,1985);f_S、f_{LC}、f_{DM} 分别为样品、大陆下地壳和亏损地幔的 $f_{Lu/Hf}$;t 为样品形成时间。

3.4 岩浆源区与岩石成因

如图 3.11 所示，MgO、P_2O_5、Al_2O_3、CaO、Fe_2O_3、TiO_2 和 Na_2O 含量随 SiO_2 增加而降低[图 3.11(A)~图 3.11(F)、图 3.11(H)]，指示了二长花岗岩与钾长花岗岩具有成因上的联系。然而，K_2O 显示出与 SiO_2 的正相关性[图 3.10(G)]，可能是由岩体后期发生钾化蚀变导致的[图 3.4(D)、图 3.5(D)]。二长花岗岩与钾长花岗岩具有相似的原始地幔标准化微量元素配分和球粒陨石标准化稀土配分(图 3.7)以及相似的全岩 Sr 和 Nd 同位素组成(图 3.10，表 3.5、表 3.6)，指示二者具有相似的岩浆源区(莫宣学等，2007)。

岩浆分离结晶过程中，Sr 和 Ba 倾向于进入结晶早的斜长石中，而 Rb 在残余岩浆中富集，这将导致高分异岩浆中有高的 Rb/Sr 和 Rb/Ba 值(Wu et al.，2009)。宝力格花岗岩杂岩中 Ba 和 Sr 与 SiO_2 呈负相关[图 3.11(I)、图 3.11(J)]，而 Rb/Sr 和 Rb/Ba 与 SiO_2 呈正相关[图 3.11(K)、图 3.11(L)]，指示宝力格二长花岗岩和钾长花岗岩为高分异花岗岩。同时，两个岩体具有高的 SiO_2(71.1%~77.5%)和碱含量(Na_2O+K_2O 含量为 8.44%~9.05%)，低的 TiO_2(0.09%~0.31%)、MgO(0.11%~0.49%) 和 CaO(0.23%~0.91%)含量，亏损 Ba、Sr、Nb、P 和 Eu，在地球化学分类图解上[图 3.12(A)~图 3.12(C)]，两个花岗岩均落入高分异花岗岩区，这些特征都支持宝力格二长花岗岩和钾长花岗岩属于高分异花岗岩的解释(Wu et al.，2003a)。

确定岩浆岩成因类型对分析岩浆源区、岩浆作用过程和构造背景具有重要意义(Pearce et al.，1984；Sylvester，1998；Barbarin，1999)，因此确定宝力格花岗岩杂岩的成因类型十分重要。花岗岩通常依据其原岩类型划分为 I、S、M 和 A 型 4 类(Pitcher，1982，1993；Wu et al.，2003a)。其中，M 型花岗岩主要为斜长花岗岩并以高的 Na/K 值(>1)为特征(Wu et al.，2000)，因此宝力格花岗岩杂岩不属于 M 型花岗岩。宝力格花岗岩杂岩不含碱性矿物(如亚铁钠闪石和钠闪石)，具有相对低的 Zr、Nb、Y、La、Ce、Zn 和 Ga 含量，低的(Zr+Nb+Ce+Y)值和 FeO^*/MgO 值(3.4~5.8)[图 3.12(B)、图 3.12(C)]，以及低的锆石 Ti 饱和温度(二长花岗岩平均 709℃，钾长花岗岩平均 724℃)，说明其也不属于 A 型花岗岩。磷灰石可以作为判别 S 型和 I 型花岗岩的可靠标准(Chappell and White，1992；Wolf and London，1994；Wu et al.，2003a；Li et al.，2006；Zhu et al.，2009)，磷灰石在准铝质和弱过铝质岩浆中达到饱和，随温度的降低与 SiO_2 含量的增高而降低，在过铝质岩浆中则保持较高的溶解度(Wolf and London，1994)。因此，S 型花岗岩中 P_2O_5 随 SiO_2 含量增加应该增加或保持不变，而在I型花岗岩中 P_2O_5 会随 SiO_2 含量增加而降低(Li et al.，2006；吴福元等，2007b；Zhu et al.，2009；Cheng and Mao，2010)。宝力格花岗岩杂岩为弱过铝质岩石 A/CNK < 1.1(1.02~1.07)，P_2O_5 含量低，为 0.02%~0.08%，并随 SiO_2 增加而降低[图 3.11(B)]，表明其不是 S 型花岗岩而属于 I 型。两个岩体较高的 SiO_2(71.1%~77.5%)和碱含量(8.44%~9.05%)以及较低的 FeO^*/MgO(3.4~5.8)值，说明其经历了强烈的岩浆分异作用。图 3.12 中，二长花岗岩和钾长花岗岩也落入高分异I型花岗岩区。因此宝力格花岗岩杂岩属于高分异I型花岗岩。

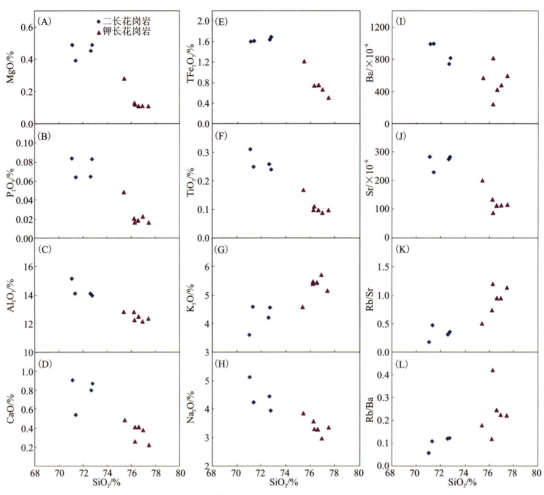

图 3.11 宝力格二长花岗岩和钾长花岗岩哈克图解

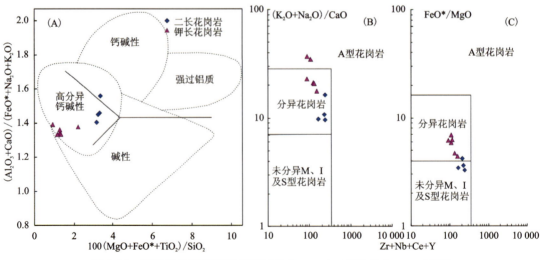

图 3.12 花岗岩分类图解（底图据 Whalen et al., 1987; Sylvester, 1989）

Ⅰ型花岗岩的原岩主要为地壳火成岩(Chappell and White,1992)。宝力格二长花岗岩和钾长花岗岩来源于地壳物质或起源于壳内分异。两个花岗岩具有弱的 Eu 负异常以及富集轻稀土而相对亏损中稀土和重稀土,说明斜长石和角闪石在岩浆分离结晶过程中从岩浆中析出或在岩浆房中残留(Hanson,1978)。宝力格花岗岩杂岩体属于高钾钙碱性系列,富集大离子亲石元素(如 Rb 和 K)、Pb 和轻稀土,而亏损高场强元素(如 U、Nd、Zr、P 和 Ti 等)和重稀土,显示出与大洋板片俯冲有关的安第斯型陆缘弧岩浆岩的特征(图3.6、图3.12;Rollinson,1993;Pearce and Peate,1995;Stern et al.,2003;Pearce and Stern,2006)。在花岗岩构造判别图解中(图3.13),样品落于弧花岗岩区域,指示岩体形成于弧环境。同时,宝力格花岗杂岩的围岩宝力高庙组火山岩形成于 320~300Ma(辛后田等,2011),与宝力格花岗杂岩(311~296Ma)同时代,岩性以安山岩、英安岩和流纹岩为主,是大陆边缘弧的标志性岩石组合(邓晋福等,2007,2015),岩浆系列属钙碱性—高钾钙碱性—钾玄岩系列,亏损 Ni、Ta 和 Ti,具有火山弧岩浆岩的地球化学特征(Fu et al.,2016),指示其形成于大陆边缘弧环境中。以上特征指示,宝力格花岗杂岩与宝力高庙组火山岩都形成与大洋板片脱水以及下地壳或地幔楔部分熔融(Pearce and Peate,1995;Zheng et al.,2015)。

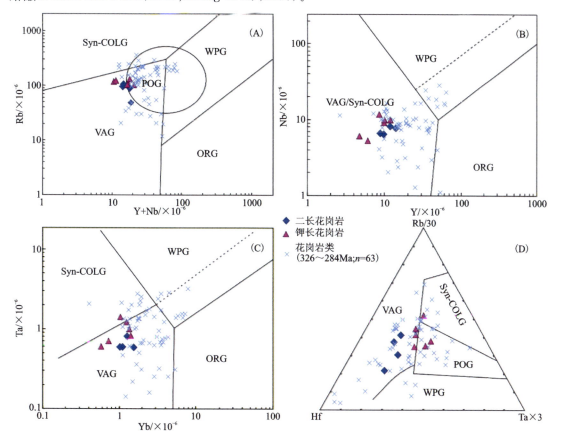

VAG-火山弧花岗岩;Syn-CLOG-同碰撞花岗岩;WPG-板内花岗岩;ORG-洋脊花岗岩;POG-碰撞晚期-碰撞后花岗岩

图 3.13 宝力格二长花岗岩和钾长花岗岩大地构造环境判别图(底图据 Pearce et al.,1984)

注:贺根山北侧晚石炭世花岗岩类数据据武将伟(2012)、张万益(2008)、云飞等(2011)、许立权等(2012)、何付兵等(2013)、李可等(2015)、梁玉伟等(2013)。

宝力格二长花岗岩和钾长花岗岩具有正的锆石 $\varepsilon_{Hf}(t)$ 值[二长花岗岩 $\varepsilon_{Hf(t)}$ 范围在 5.19～13.58 之间；钾长花岗岩 $\varepsilon_{Hf}(t)$ 范围在 15.97～21.25 之间]并且落于地幔演化线之上或地幔与地壳演化线之间(图 3.9)，而远离大兴安岭前寒武岩石(如兴华渡口组和宝音图组)下地壳($^{176}Lu/^{176}Hf = 0.022$)演化线。这些正的 $\varepsilon_{Hf}(t)$ 与兴安地块古生代花岗岩类相似(图 3.9；Zhang et al.,2011；Wu et al.,2015)。在 $\varepsilon_{Nd(t)}$-T_{DM2} 图解上(图 3.14)所有样品均落于中亚造山带区域。中亚造山带古生代花岗岩多数以低 Sr 以及正 $\varepsilon_{Nd(t)}$ 值为特征,指示了"亏损地幔"特征以及源于亏损地幔的新生下地壳源区(Jahn et al.,2000a,2000b)。中亚造山带中的大多数古生代花岗岩(包括宝力格花岗岩在内,全岩 $\varepsilon_{Nd(t)}$ 在 3.6～5.2 之间),都以低的 Sr 同位素组成和正 $\varepsilon_{Nd}(t)$ 值为特征,指示其源区为新生下地壳(Han et al.,1997；Jahn et al.,2000a,2000b；Chen et al.,2000；洪大卫等,2000；Wu et al.,2015)。同时,宝力格花岗杂岩全岩 Nd 同位素二阶段模式年龄[$T_{DM2(Nd)}$]和锆石 Hf 同位素二阶段模式年龄[$T_{DM2(Hf)}$]集中于新元古代(1324～557Ma；图 3.15),指示该新生下地壳从亏损地幔抽取的时间可能为新元古时期。因此,兴安地块的地壳生长作用可追溯至元古宙(Jahn et al.,2003；Wu et al.,2003b)。

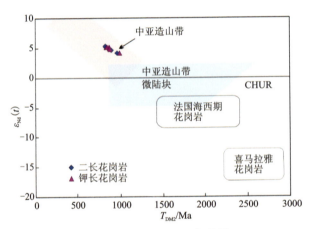

图 3.14　$\varepsilon_{Nd}(t)$-T_{DM2} 年龄图

注：中亚造山带和中亚造山带微陆块数据据洪大卫等(2000)；法国海西期花岗岩数据据 Bernard-Griffiths 等(1985)和 Downes 等(1997)；喜马拉雅花岗岩数据据 Vidal 等(1984)。

另外值得注意的是,所有的钾长花岗岩锆石都具有显著高的 $\varepsilon_{Hf}(t)$ 值,有些甚至高于同时期的亏损地幔(图 3.9)。这一显著高的 $\varepsilon_{Hf}(t)$ 值(15.6～20.9)和 $^{176}Hf/^{177}Hf$(0.283 037～0.283 190)值导致了 $\varepsilon_{Hf}(t)$ 与 $\varepsilon_{Nd}(t)$(4.0～5.1)之间明显的解耦[$\varepsilon_{Hf}(t) > 2\varepsilon_{Nd}(t)$；Vervoort and Patchett,1996；吴福元等,2007a],这可能指示了少量远洋沉积物的加入(少于 10%；图 3.16；刘伟等,2007)。远洋沉积物由于缺少锆石而显示出相对高的 Lu/Hf 值(White et al.,1986；David et al.,2001),而 Sm/Nd 则在搬运过程中受到的影响很小(Bayon et al.,2006),经过长时间的积累,远洋沉积物将显示较高的 $\varepsilon_{Hf}(t)$ 值和相对低的 $\varepsilon_{Nd}(t)$ 值(刘伟等,2007；吴福元等,2007a；Zheng et al.,2007；Yu et al.,2016)。当来自岛弧和(或)陆缘弧的初始岩浆中有远洋沉积物组分的加入时,将相对 $\varepsilon_{Nd}(t)$ 显示高的 $\varepsilon_{Hf}(t)$ 值(如 Sunda 弧、Lesser Antilles 弧；Wu et al.,2006；Zheng et al.,2007；Yu et al.,2016)。

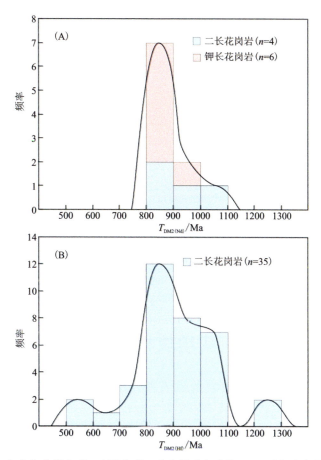

图 3.15 宝力格花岗杂岩 Nd 同位素二阶段模式年龄[$T_{DM2(Nd)}$]频率直方图(A)和
宝力格花岗杂岩 Hf 同位素二阶段模式年龄[$T_{DM2(Nd)}$]频率直方图(B)

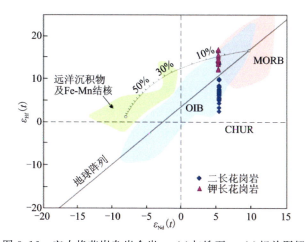

图 3.16 宝力格花岗杂岩全岩 $\varepsilon_{Nd}(t)$ 与锆石 $\varepsilon_{Hf}(t)$ 相关图解

注:MORB、OIB 和地球阵列数据据 Vervoort 等(1999);远洋沉积物和 Fe-Mn 结核数据据 Blichert-Toft and Arndt(1999);MORB 与远洋沉积物混合曲线数据据刘伟等(2007)。

综上所述,宝力格花岗杂岩体可能形成于洋壳俯冲脱水所引起的新生下地壳部分熔融,并且有少量远洋沉积物的加入(图3.17),初始岩浆经历了较高程度的分异作用。

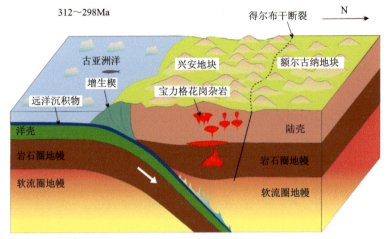

图3.17 宝力格花岗杂岩体成因模式图(据Wang et al.,2016a,有修改)

3.5 兴安地块构造背景探讨

程银行等(2012)对宝力格杂岩的锆石U-Pb定年研究显示,二长花岗岩年龄为(299.7±5.3)Ma,侵入其中的钾长花岗岩年龄为(299.7±5.3)Ma,采样位置如图3.3所示。本书获得新的U-Pb年龄,结合前人研究,为宝力格花岗杂岩体建立了精确的年代学格架。二长花岗斑岩形成年龄介于(310.1±2.1)Ma至(307±1.9)Ma之间,侵入时间长达4Ma,侵入其中的钾长花岗岩锆石U-Pb谐和年龄介于(299.7±5.3)Ma至(296.2±2.0)Ma之间。以上数据表明,宝力格花岗杂岩形成于311~296Ma。通过对宝力格花岗杂岩的元素地球化学和Sr-Nd-Hf同位素地球化学特征研究讨论(3.4节),认为宝力格花岗杂岩体形成于大陆边缘弧环境下,指示古亚洲洋在早中二叠纪时期可能仍然存在向北的俯冲。

除宝力格花岗杂岩外,沿贺根山-黑河断裂带(索伦缝合带)北侧发育大量早石炭世至晚二叠世与俯冲有关的岩浆岩(图3.18、图3.19),如东乌珠穆沁旗一带发育中石炭世敖包特-查干楚鲁特岩浆岩带(326~321Ma)和晚石炭世—早二叠世阿斯根-宝力格善岩浆岩带(312~289Ma;武将伟,2012)以及吉林宝力格二长花岗岩带[年龄介于(314±8.8)~(284.3±9.7)Ma之间;张万益,2008;图3.2]。这一地区的花岗岩类大都以富集大离子亲石元素和亏损高场强元素(Nb和Ta)为特征,也与安第斯型弧岩浆岩浆岩一致,在构造判别图解上,这些花岗岩多数落于弧花岗岩区(图3.13;Villagómez et al.,2011)。另外,沿索伦缝合带北侧广泛分布晚石炭世火山岩(322~300Ma),这些火山岩与典型的大陆弧火山岩具有相同的稀土和微量元素地球化学特征(Li et al.,2015;Fu et al.,2016)。在安山岩构造判别图解上,这些火山岩中的安山岩样品也落入安第斯型弧安山区(图3.20)。另外,Miao等2008年对贺根山蛇绿岩进行地质年代学研究发现,贺根山SSZ型蛇绿岩形成于298~293Ma,也说明该区在晚石炭世—早二叠世时期存在洋壳的俯冲作用。因此,上述晚石炭世—早二叠世岩浆岩可能都形成于大陆边缘弧环境下。

第 3 章 宝力格铅锌矿点及花岗杂岩体

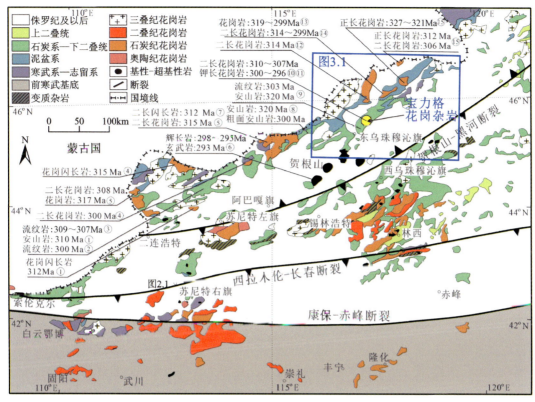

图 3.18 大兴安岭南段大地构造简图(据 Shi et al.,2016,有修改)

注:①表示数据来源于李可等(2015);②表示数据来源于贺淑赛等(2015);③表示数据来源于李可等(2014);④表示数据来源于洪大卫等(1994);⑤表示数据来源于许立权等(2012);⑥表示数据来源于 Miao 等(2008);⑦表示数据来源于云飞等(2011);⑧表示数据来源于 Fu 等(2016);⑨表示数据来源于辛后田等(2011);⑩表示数据来源于程银行等(2012);⑪表示数据来源于本书;⑫表示数据来源于何付兵等(2013);⑬表示数据来源于梁玉伟等(2013);⑭表示数据来源于张万益(2008);⑮表示数据来源于武将伟(2012)。

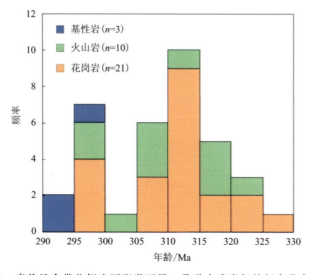

图 3.19 索伦缝合带北侧晚石炭世至早二叠世火成岩年龄频率分布直方图

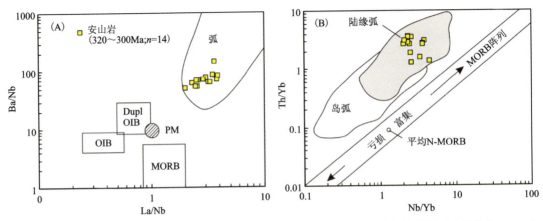

(A)Ba/Nb-La/Nb 构造判别图解(底图据 Jahn et al.,1999);(B)Th/Yb-Nb/Yb 构造判别图解(底图据 Pearce and Peate,1995);OIB-洋岛玄武岩;Dupl OIB-同位素异常洋岛弧玄武岩;MORB-洋中脊玄武岩;PM-原始地幔

图 3.20 索伦缝合带北侧晚石炭世—早二叠世安山岩构造判别图解

注:数据来源于 Fu 等(2016)和贺淑赛等(2015)。

作为中亚造山带的东段,大兴安岭地区古生代的构造演化以古亚洲洋板片俯冲至西伯利亚板块之下为特征(毛景文等,2005;祁进平等,2005;代军治等,2006;Chen et al.,2007;陈衍景等,2012)。然而,关于大兴安岭南段的构造演化过程尤其是古亚洲洋最终的闭合时间仍然存在较大争议(Xiao et al.,2003;Jian et al.,2008,2014;Zhang et al.,2011,2015;Xu et al.,2013;Zhang et al.,2014;Li et al.,2016)。本章通过对发育于索伦缝合带北侧兴安地块之上的宝力格花岗杂岩进行地球化学及同位素研究,以及对该地块之上广泛发育的同时期岩浆岩进行统计研究认为,该区在晚石炭世—早二叠世为大陆边缘弧环境,古亚洲洋在该时期存在向北的俯冲,俯冲作用导致了大量岩浆岩集中形成于晚石炭世至早二叠世时期。古亚洲洋在该区的闭合时间应更晚,可能持续至晚二叠世(Chen et al.,2000;Xiao et al.,2003;陈衍景,2009b)。

3.6 二连浩特-东乌旗成矿带铅锌矿化及成矿年龄

近年来,在二连浩特—东乌旗一带发现一系列与侵入岩有关的热液矿床(图 3.21),包括花脑特铅锌矿(Zhao et al.,2023)、迪彦钦阿木钼矿(王珉,2015)、阿尔哈达铅锌矿(Wu et al.,2017)以及奥尤特铜矿(张万益,2008)等,因而被称作二连浩特-东乌旗成矿带(图 3.21)。成矿带内出露丰富的侵入岩(Ouyang et al.,2015)。一部分侵入岩形成于古生代,呈现弧岩浆岩的特征,被认为与古亚洲大洋板块俯冲有关(Zhu et al.,2018)。岩石类型主要有辉长岩、闪长岩、石英闪长岩、花岗闪长岩和二长花岗岩,通常在研究区中部以岩株或岩脉的形式产出。岩体呈北东向分布,明显受北东向构造控制。其余为中生代侵入岩,包括早中三叠世(255~220Ma)、早中侏罗世(184~160Ma)和晚侏罗世—早白垩世(155~120Ma)3 个岩浆活动峰期(Ouyang et al.,2015)。

第 3 章 宝力格铅锌矿点及花岗杂岩体

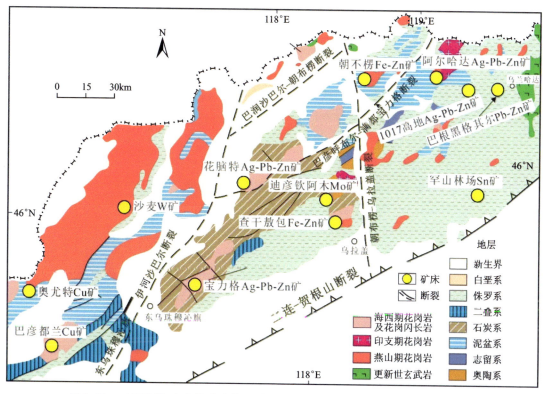

图 3.21 二连浩特-东乌旗成矿带地质图及主要矿床分布图（据 Zhang et al.，2023）

不同于铅锌矿的主要类型 MVT 型和 SEDEX 型，二连浩特-东乌旗成矿带上的铅锌矿床多数属于岩浆热液矿床，流体包裹体及同位素研究显示其成矿流体与岩浆热液密切相关。对形成于晚侏罗世的巴根黑格其尔铅锌矿的研究（Cai et al.，2021）显示，矿床形成过程包含从矽卡岩到硫化物 5 个阶段，早阶段流体包裹体均一温度高达 402～452℃。氢、氧同位素组成指示成矿流体以岩浆流体为主，在成矿过程中大气水的比例逐渐增加。硫、铅同位素和黄铁矿初始 $^{187}Os/^{188}Os$ 值表明成矿物质来源于花岗斑岩和白音高老组。吉林宝力格铅锌银多金属矿床（Han te al.，2022）的硫化物标型特征、矿石组成及测温结果指示矿床硫化物的成因与岩浆热液活动密切相关。硫和铅同位素组成均显示地幔和地壳的混合来源。成矿与燕山期花岗岩和中温热液密切相关。拜仁达坝矿床是该区典型的大型银铅锌矿脉型矿床。矿脉赋存于黑云母斜长片麻岩和石英闪长岩中，受东西-北东向断裂控制，热液蚀变广泛。矿床硫化物微量元素组成特征与岩浆相关体系相同，而与非岩浆和浅成热液矿床差异较大（Huang et al.，2023）。阿尔哈达铅锌矿早阶段流体包裹体均一温度高达 253～430℃，流体组成以 H_2O、CO_2 和 CH_4 为主，N_2 的比例较小（Ke et al.，2017）。流体氢氧同位素反映成矿早期以岩浆流体为主。硫化物硫同位素显示岩浆和沉积岩混合的硫来源。硫化物的铅同位素组成与当地岩浆岩和沉积岩相似，流体包裹体的稀有气体同位素组成指示成矿流体主要来源于深部地幔。流体混合和稀释可能是成矿的主要机制。花脑特铅锌矿床早阶段流体包裹体均一温度 254～337℃（Zhao et al.，2023）。流体氢氧同位素组成指示成矿流体的主要来源为岩浆，大气水贡献较小。硫化物的硫同位素组成表明硫化物主要为岩浆成因,有少量的沉积硫补充作用。硫化物 Pb 同位素组成与当地中生代岩浆岩 Pb 同位素组成相似,指示硫化物可能来源于中生代岩。此外,流体包裹体的稀有气体同位素组成,特别是 $^3He/^4He$,显示深部岩浆流体对花脑特矿床的贡献。

同位素年代学研究显示,二连浩特-东乌旗成矿带与侵入岩有关的热液矿床绝大多数形成于中生代,包括早三叠世和晚侏罗至早白垩世两个成矿峰期(表 3.8;Leng et al.,2015;Wu et al.,2017)。王玭等(2015)获得了迪彦钦阿木斑岩花岗岩辉钼矿 Re-Os 年龄为(157.7±1.3)Ma,与其成矿岩体锆石 U-Pb 年龄(约 158Ma)一致。Zhang 等(2023)报道了朝不楞矽卡岩铁锌矿床的锆石 U-Pb 年龄为(138.1±1.1)Ma,辉钼矿 Re-Os 年龄为(136.1±4.4)Ma,白云母 Ar-Ar 年龄为(136.4±1.6)Ma,说明了长英质岩浆作用与矽卡岩成矿的密切成因关系。Cai 等(2021)也报道了巴根黑格其尔矽卡岩铅锌矿床花岗岩斑岩的锆石 U-Pb 年龄为(154±1)Ma,这与获得的黄铁矿 Re-Os 等时年龄(151.2±4.7)Ma 非常吻合。阿尔哈达银铅锌矿花岗岩就位年龄(152Ma)也与白云母 Ar-Ar 年龄(约 156.3Ma)成矿年龄一致(Cai et al.,2021)。上述年龄的确定表明中生代岩浆活动对该地区岩浆热液矿床的形成起了至关重要的作用(Mei et al.,2015;Jiang et al.,2016;Li et al.,2016;Wu et al.,2017;Zhang et al,2023)。

表 3.8 二连-东乌旗成矿带古生代—中生代典型岩浆热液金属矿床统计

序号	矿床(点)	矿床类型	成矿岩体及时代	矿化时代	参考文献
1	奥尤特	斑岩型 Cu 矿床		(286.5±1.8)Ma (绢云母 ^{40}Ar-^{39}Ar)	张万益等,2008
2	迪彦钦阿木	斑岩型 Mo 矿床	花岗斑岩 约 158Ma (锆石 U-Pb)	(157.7±1.3)Ma (辉钼矿 Re-Os)	王玭,2015
3	巴彦都兰	热液脉型 Cu 矿床	黑云母二长花岗岩 (300±2)Ma (锆石 U-Pb)	(314±15)Ma (白钨矿 Sm-Nd)	余超等,2017; 韩松昊,2018
4	沙麦	热液脉型 W 矿床	黑云母花岗岩 (139.1±0.93)Ma (锆石 U-Pb)	(137.9±1.7)Ma (黑钨矿 Sm-Nd)	李俊建等,2016a
5	1017 高地	热液脉型 Ag-Pb-Zn 矿床	二长花岗岩 (296.8±4.1)Ma (锆石 U-Pb)	(301.2±1.8)Ma (绢云母 ^{40}Ar-^{39}Ar)	王治华等,2013a,2013b
6	查干敖包	矽卡岩型 Fe-Zn 矿床	石英闪长岩	二叠纪	Wang et al.,2021a

第 3 章 宝力格铅锌矿点及花岗杂岩体

续表 3.8

序号	矿床(点)	矿床类型	成矿岩体及时代	矿化时代	参考文献
7	宝力格	热液脉型 Ag-Pb-Zn 矿化点	二长花岗岩 (310.7±2.1)Ma (307.4±1.6)Ma 正长花岗岩 (296.2±2.0)Ma (锆石 U-Pb)		Zhu et al.,2018
8	花脑特	热液脉型 Ag-Pb-Zn 矿床	正长花岗岩 约 173Ma (锆石 U-Pb)		Zhao et al.,2023
9	阿尔哈达	热液脉型 Ag-Pb-Zn 矿床	花岗岩 约 152Ma (锆石 U-Pb)	约 156.3Ma (白云母 ^{40}Ar-^{39}Ar)	Zhao et al.,2023
10	罕山林场	热液脉型 Sn 矿床	安山岩 (144.0±2)Ma～ (151.4±2.6)Ma (锆石 U-Pb)	晚侏罗世	杨海星等,2019
11	巴根黑格其尔	矽卡岩型 Pb-Zn 矿床	花岗斑岩 (154±1)Ma (锆石 U-Pb)	(151.2±4.7)Ma (黄铁矿 Re-Os)	郭向国等,2020; Cai et al.,2021
12	朝不楞	矽卡岩型 Fe-Zn 矿床	正长花岗岩 (138.1±1.1)Ma (锆石 U-Pb)	(136.1±4.4)Ma (辉钼矿 Re-Os)	Zhang et al.,2023

然而一些空间上与古生代花岗岩类密切相关的岩浆热液矿床,其成矿时间仍存在争议(Nie et al.,2002;张万益,2008;Yang et al.,2016)。如花脑特 Ag-Pb-Zn 矿床,有研究根据花脑特二长花岗岩锆石 U-Pb 年龄[(324.0±2.2)Ma;杨捷坤,2016]认为矿床形成于晚石炭世。然而,对该区区域地质特征及花脑特矿床地质特征的研究显示,二长花岗岩不太可能与成矿有关。首先,该区热液脉型铅锌矿成矿时间主要集中在燕山期,区内最老的铅锌矿化为 1017 高地铅锌矿,形成于(301.2±1.8)Ma(绢云母 ^{40}Ar-^{39}Ar,王治华等,2013a,2013b),显著晚于花脑特矿床二长花岗岩年龄。其次,部分矿体沿二长花岗岩与板岩蚀变接触带赋存或横切,表明成矿发生在二长花岗岩侵位之后(Qu et al.,2021)。而矿区南部出露的中三叠世正长花岗岩则被认为是花脑特铅锌矿的成矿源岩(Chen et al.,2016;Qu et al.,2021)。又如:奥尤特铜矿,张万益等(2008)获得锌铜矿石的绢云母 Ar-Ar 年龄为(286.5±1.8)Ma,认为矿床的形成与晚海西期岩浆活动有关;而李俊建(2016b)等研究了含铜石英脉中的石英 ^{40}Ar-^{39}Ar 年龄,结

果为(187.11±3.50)Ma,认为奥尤特铜矿的形成与中生代燕山早期岩浆-构造活动有关;孟恩陶勒盖银铅锌矿绢云母^{40}Ar-^{39}Ar年龄(179±1.5)Ma(张炯飞等,2003);而孟恩陶勒盖岩基中黑云母斜长花岗岩的锆石年龄为(240.5±1.5)Ma,白云母斜长花岗岩的锆石年龄为(234.3±3.2)Ma,矿区外围杜尔基岩中的黑云母正长花岗岩的锆石年龄为(154.5±0.5)Ma。这些侵入岩年龄与成矿年龄均相差较大(江思宏等,2011)。因此,对热液脉型矿床而言,其容矿围岩并不一定是成矿母岩,若要确定二者的关系,需要成岩年龄与成矿年龄的双重约束。

宝力格花岗杂岩形成于311~296Ma,矿区附近与宝力格杂岩成岩时间一致的矿床有1017高地铅锌矿以及巴彦都兰热液脉型铜矿。1017高地铅锌矿成矿岩体二长花岗岩锆石U-Pb年龄(296.8±4.1)Ma,成矿时间绢云母^{40}Ar-^{39}Ar年龄(301.2±1.8)Ma。巴彦都兰热液脉型铜矿成矿岩体黑云母二长花岗岩锆石U-Pb年龄(300±2)Ma,白钨矿Sm-Nd年龄(314±15)Ma(余超等,2017;韩松昊等,2018)。若宝力格铅锌矿化时间与岩体成岩时间一致,则该矿化点作为区域上为数不多的古生代矿床之一,研究其成岩成矿作用,对于寻找区域上的晚古生代矿床热液脉矿床具有重要意义。

第 4 章 大兴安岭南段岩浆热液矿床成矿规律

大兴安岭南段是我国重要的铅、锌、银、钼、铜、锡、金等矿产资源基地,处于中亚成矿域东段,华北克拉通北侧。目前已发现大型、超大型斑岩型钼矿、铜矿、热液脉状银多金属矿、钨矿、矽卡岩型铅锌多金属矿床等几十处(图 4.1)。近年来找矿工作更是取得重大突破,陆续发现一些超大型钼矿、银多金属矿等,显示了该区域巨大的成矿与找矿潜力(曾庆栋等,2016)。本章主要介绍大兴安岭南段的矿床特征及成矿规律,各类矿床成矿时代如表 4.1 所示。

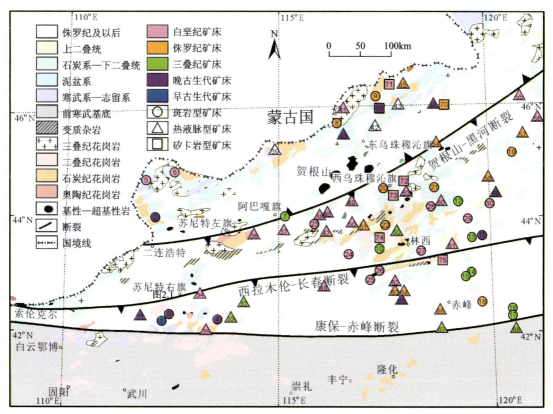

图 4.1 大兴安岭南段岩浆热液矿床分布图

注:矿床序号与表 4.1 对应,数据来自表 4.1 中的参考文献。

表 4.1 大兴安岭南段岩浆热液矿床统计

序号	矿床(点)	矿床类型	成矿岩体及时代	矿化时代	参考文献
1	白乃庙	斑岩型 Cu-Au-Mo 矿床	花岗闪长斑岩 (445±6)Ma (锆石 U-Pb)	(445.0±3.4)Ma (辉钼矿 Re-Os)	Li et al.,2012b
2	准苏吉花	斑岩型 Cu-Mo 矿床	花岗斑岩 (301.1±4)Ma (锆石 U-Pb)	(297.2±4.3)Ma (辉钼矿 Re-Os)	刘聪等,2020
3	哈达庙	斑岩型 Au 矿床	花岗斑岩 (278.1±3.3)Ma (锆石 U-Pb)	二叠纪	鲁颖淮等,2009
4	毕力赫	斑岩型 Au 矿床	花岗闪长岩 约 268Ma (锆石 U-Pb)	(268±1)Ma (辉钼矿 Re-Os)	朱雪峰等,2018
5	乌日尼图	斑岩型 Mo-W 矿床	花岗岩 (133.6±3.3)Ma (锆石 U-Pb)	(134±14)Ma (辉钼矿 Re-Os)	白珏和张可,2013
6	乌兰德勒	斑岩型 Mo 矿床	二长花岗岩 (131.4±1.6)Ma (锆石 U-Pb)	(134.1±3.3)Ma (辉钼矿 Re-Os)	陶继雄等,2009
7	比鲁甘干	斑岩型 Mo 矿床	黑云母花岗斑岩	(237.9±1.7)Ma (辉钼矿 Re-Os)	李俊建等,2016c
8	奥尤特	斑岩型 Cu 矿床		286.5±1.8Ma (绢云母 ^{40}Ar-^{39}Ar)	张万益等,2008
9	迪彦钦阿木	斑岩型 Mo 矿床	花岗斑岩 约 158Ma (锆石 U-Pb)	(157.7±1.3)Ma (辉钼矿 Re-Os)	王玭,2015
10	二八地	斑岩型 Mo 矿床	花岗斑岩 (146.2±1.5)Ma (锆石 U-Pb)	三叠纪	Zeng et al.,2016
11	好力宝	斑岩型 Mo-Cu 矿床	花岗斑岩 (267±10)Ma (锆石 U-Pb)	(265±3)Ma (辉钼矿 Re-Os)	Zeng et al.,2013

续表 4.1

序号	矿床(点)	矿床类型	成矿岩体及时代	矿化时代	参考文献
12	查干花	斑岩型 Mo 矿床	花岗闪长岩 (257.2±1.3)Ma (锆石 U-Pb)	(238.6±4.4)Ma (辉钼矿 Re-Os)	李光耀等,2020
13	劳家沟	斑岩型 Mo-Cu 矿床	二长花岗斑岩 (238.6±1.8)Ma (锆石 U-Pb)	(234.9±3.1)Ma (辉钼矿 Re-Os)	Duan et al.,2015
14	元宝山	斑岩型 Mo 矿床	石英二长岩 (269±3)Ma (锆石 U-Pb)	(248.0±2.7)Ma (辉钼矿 Re-Os)	Liu et al.,2010b
15	车户沟	斑岩型 Mo-Cu 矿床	花岗斑岩 (245.1±4.4)Ma (锆石 U-Pb)	(245±5)Ma (辉钼矿 Re-Os)	Zeng et al.,2011,2012a
16	库里吐	斑岩型 Mo-Cu 矿床	二长花岗岩 (249.1±1.6)Ma (锆石 U-Pb)	(245.0±4.3)Ma (辉钼矿 Re-Os)	Zeng et al.,2012b; 孙燕等,2013
17	白土营子	斑岩型 Mo-Cu 矿床	二长花岗岩	(245.4±4.1)Ma (辉钼矿 Re-Os)	孙燕等,2013; 赵克强等,2023
18	鸡冠山	斑岩型 Mo 矿床	花岗斑岩 (156.0±1.3)Ma (锆石 U-Pb)	(153.0±0.9)Ma (辉钼矿 Re-Os)	Wu et al.,2011b; Wu et al.,2014
19	布敦化	斑岩型 Cu 矿床	英云闪长斑岩 (152.0±0.7)Ma (锆石 U-Pb)	(150.0±2.2)Ma (辉钼矿 Re-Os)	Ouyang et al.,2014
20	东布拉格	斑岩型 Mo 矿床	花岗斑岩 (164.6±1.7)Ma (锆石 U-Pb)	(163.9±1.4)Ma (辉钼矿 Re-Os)	Zhou et al.,2018
21	敖脑达坝	斑岩型 Sn-Cu 矿床	花岗斑岩 (134.3±1.4)Ma (锆石 U-Pb)	晚侏罗世	张军等,2021
22	哈什吐	斑岩型 Mo 矿床	黑云母花岗岩 (147.1±0.8)Ma (锆石 U-Pb)	(148.8±1.6)Ma (辉钼矿 Re-Os)	张可等,2012; 翟德高等,2012

续表4.1

序号	矿床(点)	矿床类型	成矿岩体及时代	矿化时代	参考文献
23	维拉斯托	斑岩型 Sn 矿床	石英斑岩 (135.7±0.9)Ma (锆石 U-Pb)	(125.7±3.8)Ma (辉钼矿 Re-Os)	翟德高等,2016
24	边家大院	斑岩型 Pb-Zn-Ag 矿	正长花岗岩 (140.3±0.34)Ma (锆石 U-Pb)	(140.0±1.7)Ma (辉钼矿 Re-Os)	顾玉超等,2017; Zhai et al.,2017
25	小东沟	斑岩型 Mo 矿	花岗斑岩 (142±2)Ma (锆石 U-Pb)	(138.1±2.8)Ma (辉钼矿 Re-Os)	Zeng et al.,2010a
26	岗子	斑岩型 Mo 矿床	花岗岩 (139.1±2.3)Ma (锆石 U-Pb)	白垩纪	Zeng et al.,2011
27	羊场	斑岩型 Mo 矿床	二长花岗岩	(138.5±4.5)Ma (辉钼矿 Re-Os)	Zeng et al.,2010b
28	东山湾	斑岩型 W-Mo 矿床	花岗斑岩 (142.2±0.9)Ma (锆石 U-Pb)	(140.5±3.2)Ma (辉钼矿 Re-Os)	王承洋,2015
29	半拉山	斑岩型 Mo 矿床	花岗斑岩	(140.5±2.4)Ma (辉钼矿 Re-Os)	Zeng et al.,2010b
30	敖仑花	斑岩型 Mo 矿床	花岗斑岩 (134±4)Ma (锆石 U-Pb)	(131.2±1.9)Ma (辉钼矿 Re-Os)	马星华等,2009 Zeng et al.,2010b
31	夏尔楚鲁	热液脉型 Au 矿床	黑云母花岗岩 271~269Ma (锆石 U-Pb)	(263.8±4.4)Ma (辉钼矿 Re-Os)	王佳新等,2014; Wang et al.,2016b
32	沙子沟	热液脉型 W-Mo 矿床	辉绿岩 (244.6±1.5)Ma (锆石 U-Pb)	(243.8±1.6)Ma (辉钼矿 Re-Os)	彭能立等,2015; Li et al.,2017
33	白石头洼	热液脉型 W 矿床	黑云母花岗岩	(221.0±3.4)Ma (黑钨矿 U-Pb)	Wang et al.,2021a; Xie et al.,2022

续表 4.1

序号	矿床(点)	矿床类型	成矿岩体及时代	矿化时代	参考文献
34	那仁乌拉	热液脉型 W 矿床	二长花岗岩	(136.7±1.0)Ma (黑钨矿 U-Pb) (137.8±1.9)Ma (锡石 U-Pb)	王倩等,2023
35	三胜	热液脉型 W-Mo 矿床	花岗岩、长石砂岩、凝灰岩	(138.6±1.4)Ma (辉钼矿 Re-Os)	李俊建等,2016d
36	毛登	热液脉型 Sn-Cu 矿床	花岗斑岩 (138±0.6)Ma (锆石 U-Pb)	(139±3.2)Ma (锡石 U-Pb)	季根源等,2021
37	白音查干	热液脉型 Sn-Pb-Zn-Ag 矿床	花岗斑岩 (141.4±4.6)Ma (锆石 U-Pb)	早白垩世	刘新等,2017
38	拜仁达坝	热液脉型 Ag-Pb-Zn	二长花岗岩 140~139Ma (锆石 U-Pb)	(133±11)Ma (辉钼矿 Re-Os)	Liu et al.,2016
39	阿扎哈达	热液脉型 Cu-Bi 矿床	二长花岗岩,正长花岗岩,花岗岩 (313.9±1.7)~ (308.4±1.5)Ma (锆石 U-Pb)		Wang et al.,2021b
40	巴彦都兰	热液脉型 Cu 矿床	黑云母二长花岗岩 (300±2)Ma (锆石 U-Pb)	(314±15)Ma (白钨矿 Sm-Nd)	余超等,2017; 韩松昊,2018
41	沙麦	热液脉型 W 矿床	黑云母花岗岩 (139.1±0.93)Ma (锆石 U-Pb)	(137.9±1.7)Ma (黑钨矿 Sm-Nd)	李俊健等,2016a
42	宝力格	热液脉型 Ag-Pb-Zn 矿床	二长花岗岩 (310.7±2.1)Ma (307.4±1.6)Ma 正长花岗岩 (296.2±2.0)Ma (锆石 U-Pb)		Zhu et al.,2018

续表 4.1

序号	矿床(点)	矿床类型	成矿岩体及时代	矿化时代	参考文献
43	花脑特	热液脉型 Ag-Pb-Zn 矿床	正长花岗岩 约 173Ma (锆石 U-Pb)		Zhao et al.,2023
44	1017 高地	热液脉型 Ag-Pb-Zn 矿床	二长花岗岩 (296.8±4.1)Ma (锆石 U-Pb)	(301.2±1.8)Ma (绢云母 ^{40}Ar-^{39}Ar)	王治华等,2013a,2013b
45	阿尔哈达	热液脉型 Ag-Pb-Zn 矿床	花岗岩 约 152Ma (锆石 U-Pb)	约 156.3Ma (白云母 ^{40}Ar-^{39}Ar)	Zhao et al.,2023
46	花敖包特	热液脉型 Pb-Zn-Ag 矿床	流纹斑岩 (136±3)Ma (锆石 U-Pb)	(134.3±1.7)Ma (锡石 U-Pb)	陈永清等,2014; 陈公正等,2023
47	安乐	热液脉型 Sn-Cu 矿床	花岗斑岩	白垩纪	Wang et al.,2021a
48	红山子	热液脉型 Mo-U 矿床	花岗斑岩 (133.3±1.4)Ma (锆石 U-Pb)	(137.2±3.2)Ma (138.2±2.1)Ma (辉钼矿 Re-Os)	祝洪涛等,2019; 纪宏伟等,2021
49	道伦达坝	热液脉型 Cu-W-Sn 矿床	似斑状花岗岩 (135±1)Ma (锆石 U-Pb)	(136.8±7.4)Ma (134.7±6.6)Ma (锡石 U-Pb)	陈公正等,2018
50	大井	热液脉型 Cu-Ag-Sn 矿床	闪长岩	约 140Ma (锡石 U-Pb)	王承洋,2015
51	宝盖沟	热液脉型 Sn 矿床	花岗岩 (145.6±0.8)Ma (锆石 U-Pb)	侏罗纪	Mi et al.,2019
52	敖尔盖	热液脉型 Cu 矿床	花岗闪长岩 (245.4±1.8)Ma (锆石 U-Pb)	三叠纪	郭志军等,2012
53	双尖子山	热液脉型 Ag-Pb-Zn 矿床	石英正长斑岩 (131.4±0.5)Ma (锆石 U-Pb)	(132.7±3.9)Ma (闪锌矿 Rb-Sr)	吴冠斌等,2013; 赵家齐等,2022

续表4.1

序号	矿床(点)	矿床类型	成矿岩体及时代	矿化时代	参考文献
54	罕山林场	热液脉型 Sn矿床	安山岩 (151.4±2.6)~ (144.0±2)Ma (锆石U-Pb)	晚侏罗世	杨海星等,2019
55	闹牛山	热液脉型 Cu矿床	花岗闪长斑岩 (141.2±0.7)Ma (锆石U-Pb)	(134.3±0.8)Ma (辉钼矿Re-Os)	古阿雷等,2015
56	莲花山	热液脉型 Cu矿床	闪长玢岩	(139.1±1.1)Ma (辉钼矿Re-Os)	康欢等,2019
57	孟恩陶勒盖	热液脉型 Pb-Zn-Ag矿床	花岗闪长岩 (241.2±2.8)Ma (锆石U-Pb)	(179.0±1.5)Ma (白云母^{40}Ar-^{39}Ar)	张炯飞等,2003; 高飞等,2018
58	哈德营子	热液脉型 Cu-Pb-Zn矿床	花岗岩	晚侏罗世	徐发等,2005
59	香山	热液脉型 Cu-Pb-Zn矿床	安山岩 (264.0±1.2)Ma (锆石U-Pb)	中二叠世	王亚东等,2021
60	敖包吐	热液脉型 Pb-Zn-Ag矿床	花岗闪长斑岩 (140±0.5)Ma (锆石U-Pb)	白垩纪	董旭舟等,2014
61	扁扁山	热液脉型 Cu矿床	安山岩、流纹岩、凝灰质粉砂岩	早白垩世	王一存,2018; 孙清飞,2023
62	柳条沟	热液脉型 Mo-U矿床		白垩纪	Zeng et al.,2011
63	硐子	热液脉型 Pb-Zn矿床		晚侏罗世	Wang et al.,2021a
64	炮手营子	热液脉型 Ag-Pb-Zn矿床		晚侏罗世	Wang et al.,2021a
65	张家沟	热液脉型 Pb-Zn-Ag矿床	石英闪长岩 约285Ma (锆石U-Pb)	约265.3Ma (闪锌矿Rb-Sr)	Wang et al.,2023

续表4.1

序号	矿床(点)	矿床类型	成矿岩体及时代	矿化时代	参考文献
66	碾子沟	热液脉型 Mo矿床	二长花岗岩 (152.4±1.6)Ma (锆石 U-Pb)	(154.3±3.6)Ma (辉钼矿 Re-Os)	张作伦等,2009,2011
67	撰山子	热液脉型 Au矿床	二长花岗岩 (245.8±3.1)Ma (锆石 U-Pb)	早三叠世	孙珍军等,2016
68	二道沟	热液脉型 Au矿床	正长岩 (229.8±5.2)Ma (锆石 U-Pb)	228.9±2.2Ma (黑云母 ^{40}Ar-^{39}Ar)	Deng et al.,2014
69	查干敖包	矽卡岩型 Fe-Zn矿床	石英闪长岩	二叠纪	Wang et al.,2021a
70	巴根黑格其尔	矽卡岩型 Pb-Zn矿床	花岗斑岩 (154±1)Ma (锆石 U-Pb)	(151.2±4.7)Ma (黄铁矿 Re-Os)	郭向国等,2020; Cai et al.,2021
71	朝不楞	矽卡岩型 Fe-Zn矿床	正长花岗岩 (138.1±1.1)Ma (锆石 U-Pb)	(136.1±4.4)Ma (辉钼矿 Re-Os)	Zhang et al.,2023
72	红岭	矽卡岩型 Pb-Zn矿床	花岗岩 (144.8±0.8)Ma (锆石 U-Pb)	(140.3±3.4)Ma (辉钼矿 Re-Os)	李剑锋,2015
73	白音诺尔	矽卡岩型 Pb-Zn矿床	花岗岩 140~150Ma (锆石 U-Pb)	(137.4±3.4)Ma (闪锌矿 Rb-Sr) (140.0±7.8)Ma (黄铁矿 Rb-Sr)	蒋斌斌等,2020; Li et al.,2022
74	黄岗梁	矽卡岩型 Fe-Sn矿床	正长花岗岩 142~139Ma (锆石 U-Pb)	(135.3±0.85)Ma (辉钼矿 Re-Os)	周振华等,2010; 顾玉超等,2023
75	浩布高	矽卡岩型 Pb-Zn矿床	二长花岗岩 (143.9±1.1)Ma (锆石 U-Pb)	(138±3)Ma (辉钼矿 Re-Os)	Wang et al.,2018; 周桐等,2022

第4章 大兴安岭南段岩浆热液矿床成矿规律

4.1 主要矿床类型及时空分布

大兴安岭南段主要有3种类型：①斑岩型矿床，主要为斑岩型铜、金、钼和钨-锡矿床；②热液脉型矿床，主要为铅锌银多金属矿；③矽卡岩型矿床，主要为铁矿和铅-锌矿。各时代矿床类型及矿种分布如图4.2所示。

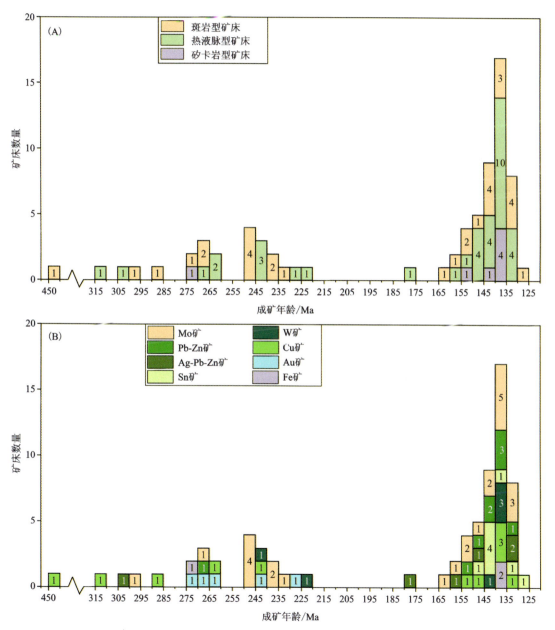

图 4.2　大兴安岭南段不同时代岩浆热液矿床矿床类型（A）和矿产类型直方图（B）

4.1.1 斑岩型矿床

斑岩型矿床又称为"细脉浸染型"矿床,是一类与陆相次火山岩有关的热液矿床,以铜和钼为主,也有斑岩钨矿、斑岩锡矿,还有斑岩金矿以及斑岩铅、锌矿(翟裕生等,2011)。斑岩型矿床共同特征是:绝大多数斑岩型矿床形成于活动大陆边缘和岛弧构造环境;有重要意义的斑岩型矿床均产出于显生宙,特别是中生代和新生代,其次是晚古生代;矿化在时间上、空间上和成因上与具斑状结构的中酸性浅成—超浅成的小侵入体有关,如花岗闪长斑岩、石英二长斑岩、石英斑岩等;一般具有面型矿化蚀变,且分带性明显,硫化物大量出现,富含黄铁矿;矿石具有细脉浸染状构造。

大兴安岭南段斑岩型矿床在热液蚀变、容矿岩石组合以及矿石矿物组合等方面均显示出一致性。容矿岩石岩性以花岗斑岩、花岗闪长斑岩和石英二长闪长岩为主(朱永峰等,2022)。主要矿石矿物组合为黄铁矿、辉钼矿、方铅矿、闪锌矿、斑铜矿、黝铜矿。一些矿体呈脉状产出在斑岩与围岩的接触带中,具有斑岩型-热液脉型矿化的特点。矿化多与中心蚀变钾化、硅化、黄铁绢英岩化关系密切(朱永峰等,2022),外围蚀变以绿泥石、绿帘石和方解石组合为特征(Wang et al.,2021a)。大多数斑岩矿床含矿岩体的成岩年龄与矿化年龄接近,如毕力赫金矿含矿花岗闪长斑岩体的成岩年龄为268Ma(朱雪峰等,2018),辉钼矿的年龄为(268±1)Ma(Huang et al.,2020);迪彦钦阿木钼矿含矿岩体成岩年龄为(156.9±1.3)Ma,辉钼矿的年龄为(157.7±1.3)Ma(王玭,2015)。矿化一般呈细脉状和浸染状分布在含矿斑岩体内,部分矿床以角砾岩成矿为特征,如半拉山和羊场矿床(Zeng et al.,2010b),表明成岩与成矿过程是同一岩浆热液活动的产物。成矿岩体普遍富集大离子亲石元素,亏损高场强元素,具有弧岩浆岩的特征。成矿与花岗斑岩侵入密切相关,呈细脉浸染状。

大兴安岭南段斑岩型矿床以钼矿床为主,一部分斑岩型钼矿伴生铜矿,如白土营子铜钼矿等(赵克强等,2023);另外有少量钼矿伴生钨矿,如东山湾钨钼矿(王承洋,2015)和乌日尼图钼钨矿(白珏和张可,2013)。其次为斑岩型铜矿,大多数斑岩型铜矿伴生钼矿,少数铜矿伴生金矿,如白乃庙铜金钼矿(高旭等,2018)和哈达庙金矿(郝百武和蒋杰,2010)。同时区域上还产出斑岩型金矿(如毕力赫金矿)、斑岩型铅锌银矿[如边家大院铅锌银矿(蒋昊原等,2020)],以及斑岩型锡矿[维拉斯托锡矿和敖脑达坝锡铜矿(翟德高等,2016;张军等,2021)]。白乃庙铜金钼矿是区内最老的斑岩型矿床,形成于晚奥陶世—早志留世时期(445~434Ma;Li et al.,2012b),该矿床与东北形成于奥陶纪时期的早—中奥陶世的多宝山斑岩型铜矿(索青宇等,2023)分别被认为是古亚洲洋向南北两侧俯冲的产物(Xiao et al.,2020;朱永峰等,2022)。区内古生代斑岩型矿床主要分布在二连浩特至苏尼特右旗一带,以铜矿为主,伴生金矿或钼矿,如准苏吉花铜钼矿和哈达庙铜金矿。另外,产于蒙古的欧玉陶勒盖超大型斑岩型铜金矿床,形成于373~370Ma(Wainwright et al.,2017),据中国边境城市二连浩特不足50km,与上述矿床属于同一构造背景,这些矿床都被认为与古亚洲洋的持续俯冲有关(覃莹等,2015;苗来成等,2023)。中生代斑岩型矿床主要分布在研究区东部,锡林浩特—林西—巴林左旗一带,三叠纪矿床主要分布在西拉木伦-长春断裂两侧(图4.1),可能与古亚洲洋的闭合有关(Liu et al.,2010b;Duan et al.,2015;Zeng et al.,2016);侏罗纪斑岩型矿床主要分布在东乌珠穆沁旗至西乌珠穆沁旗一带(图4.1),可能与蒙古鄂霍茨克洋的俯冲有关(Shang et al.,2021);早白垩纪形成一系列斑岩型钼矿,与蒙古鄂霍茨克洋的闭合华北-蒙古与西伯利亚板块的碰撞有关(Zeng et al.,2010b)。

4.1.2 热液脉型矿床

岩浆热液脉型矿床是岩浆热液矿床重要的类型之一。岩浆热液脉型矿床形成于岩浆期后的热液活动,是岩浆期后含矿热液充填或充填-交代的产物,大都产于岩浆岩体内及其附近的硅铝质沉积岩或变质岩系中。矿床受构造控制十分明显,主要受断裂裂隙构造、破碎带构造、接触带构造等控制。岩体于围岩接触带如无断裂构造叠加,一般不轻易形成重要矿体。与母岩侵入体连通的断裂裂隙系统是含矿热液在岩体附近流动的重要通道,也是主要的含矿构造。这些断裂一般是压扭性的、扭性的,具有区域性成群分布特点。距侵入体较远的矿床则受沉积岩和变质岩中各种构造,如断裂、裂隙、褶皱、层间滑动带以及构造角砾岩带等所控制。矿体常呈脉状、透镜状、似层状等,常成群出现,沿一个方向作雁行状或者平行排列。矿床围岩蚀变发育,矿化蚀变具有明显的分带性。这类矿床有重要的工业价值,是钨、锡、钼、铜、铅、锌、金等重要的矿床类型。按照矿石建造,可划分为脉型钨、锡、钼矿床,脉型铜、铅、锌矿床等。

热液脉状矿床"改为"热液脉型矿床在该地区广泛分布,矿床大多分布在燕山期和印支期花岗岩类、火山岩中,与侵入岩在时间和空间上关系密切,矿体通常主要受北东向和北西向断裂控制。该区热液脉型主要为铅锌(银)矿,包括双尖子山银铅锌矿床、拜仁达坝银铅锌矿床等(Liu et al.,2016;赵家齐等,2022),也有一部分热液脉型铜矿、钨矿和钼矿,如维拉斯托锡铜锌银矿床、大井铜多金属矿床等(Wang et al.,2021a)。其中,双尖子山银铅锌矿床是中国迄今发现最大的银多金属矿床(赵家齐等,2022)。有些矿床具有一定的元素分带性,如大井铜银锡矿,从核心的Cu-Sn到Cu-Pb-Zn,再到外围的Pb-Zn-Ag(王玉往等,2002),如道伦达坝铜钨锡矿床,从北区的Cu到中区的Cu-W,再到南区的Sn(陈公正等,2018)。区内最早的热液脉型矿床为巴彦都兰铜矿,位于东乌珠穆沁旗,形成于(314±15)Ma(韩松昊,2018)。古生代热液脉型矿床较少,分布较分散,包括东乌旗一带的巴彦都兰铜矿和1017高地铅锌矿,形成于晚石炭世(王治华等,2013b;韩松昊,2018),以及华北克拉通北缘的夏尔楚鲁金矿和张家沟铅锌矿,形成于中二叠世(王佳新等,2014;Wang et al.,2023)。三叠纪热液脉矿床主要分布在康保-赤峰断裂两侧,包括钨(钼)矿以及金矿。燕山期热液脉型矿床在区内分布最为广泛,以铅锌(银)矿为主(图4.1,表4.1)。

4.1.3 矽卡岩型矿床

矽卡岩型矿床又称为接触交代型矿床,是中基性—中酸性侵入岩与碳酸盐类岩石的接触带上由含矿气水热液交代作用形成的矿床。矿床分带性明显,一般靠近岩浆岩一侧的内矽卡岩带,主要由磁铁矿、赤铁矿、石榴子石和辉石等较高温矿物组成;靠近围岩一侧的外矽卡岩带,主要由中高温矿物组成,如石榴子石、辉石、角闪石、绿泥石、绿帘石、黄铁矿、黄铜矿和闪锌矿等。在离接触带较远的围岩中,温度降低,多发育石英,方解石等。矽卡岩型矿床是我国铁、铜、钨、锡、铅、锌矿的主要矿床类型,具有重要的工业意义。

大兴安岭南段矽卡岩型矿床在容矿围岩、成矿岩体类型、热液蚀变以及主要矿石矿物等方面显示出一致性。矽卡岩矿化主要发生在二叠系与花岗岩侵入体的接触带。矿化带一般为北东向,矿体大小形状各异。围岩蚀变包括矽卡岩蚀变、硅化、炭化、绿泥石化和绿帘石化(周振华等,2010;万多等,2014;郭向国等,2020)。成矿时代以侏罗纪和早白垩世为主,成矿侵入体以花岗闪长岩和花岗岩为主(Wang et al.,2021a)。

区内矽卡岩型矿床主要为铅锌矿床,如大型白音诺尔铅锌银矿床和红岭铅锌多金属矿床(李剑锋,2015;蒋斌斌等,2020),少量铁锌矿床和铁锡矿床,如查干敖包铁锌矿、朝不楞铁锌矿,以及黄岗梁铁锡矿(王承洋,2015;Wang et al.,2021a)。大多数矽卡岩型矿床侵入岩的成岩年龄与成矿年龄接近,如浩布高铅锌矿的二长花岗岩侵入体的年龄为(143.9±1.1)Ma,辉钼矿年龄为(138±3)Ma(Wang et al.,2018;周桐等,2022);朝不楞铁锌矿的正长花岗岩侵入岩的成岩年龄为(138.1±1.1)Ma;辉钼矿年龄为(136.4±4.4)Ma(Zhang et al.,2023)。

大部分矽卡岩型矿床形成于晚侏罗世到早白垩世,如白音诺尔铅锌矿[(137.4±3.4)Ma,Li et al.,2022]、浩布高铅锌矿[(138±3)Ma,Wang et al.,2018]、黄岗梁铁锡矿(135.3±0.9Ma,周振华等,2010)巴根黑格其尔铅锌矿[(151.2±4.7)Ma,Cai et al.,2021]。最老的矽卡岩型矿床为查干敖包铁锡矿床,成矿时代约在二叠纪(张万益等,2012;Wang et al.,2021a)。空间上矽卡岩型矿床集中在研究区东部,林西至西乌珠穆沁一带(图4.1)。区内矽卡岩型矿床的形成可能与古太平洋板块俯冲大陆边缘的后碰撞伸展构造环境(Li et al.,2022;Zhang et al.,2023),以及蒙古-鄂霍茨克造山带碰撞造后陆壳伸展环境有关(万多等,2014;郭向国等,2020;顾玉超等,2023)。

综上所述,大兴安岭南段存在两个主成矿期,分别为二叠纪—三叠纪(300~220Ma)和晚侏罗世—早白垩世(155~130Ma;图4.1,图4.2)。二叠纪以前仅形成个别铜矿床,如白乃庙斑岩型铜矿和巴彦都兰热液脉型铜矿,以及蒙古欧玉陶勒盖斑岩型铜金矿。二叠纪—三叠纪(300~220Ma)成矿期以斑岩型铜(金/钼)矿床为代表,其次形成一部分热液脉型(铜)铅锌(银)矿和钨钼等,主要沿西拉木伦-长春断裂带分布;晚侏罗世—早白垩世(155~130Ma)成矿期则形成大量热液脉型铅锌(银)矿以及斑岩型钼(铜)矿,在区内分布广泛,以东乌珠穆沁旗—锡林浩特—林西一带分布最为密集。古生代和中生代均产出金、银、铜、钼、铅锌等矿床,中生代特有的矿种为钨、铁、钴、镍(朱永峰等,2022)。

4.2 区域构造演化及成矿规律

综合大兴安岭地区的岩浆岩及矿床的研究成果和构造演变,简要总结出大兴安岭南段带的岩浆热液矿床成矿构造演化模式(图4.3)。区域最老的岩浆热液矿床白乃庙铜矿形成于(445.0±3.4)Ma(Li et al.,2012b),这里主要介绍显生宙以来大兴安岭南段的构造演化及其成矿规律。

第4章 大兴安岭南段岩浆热液矿床成矿规律

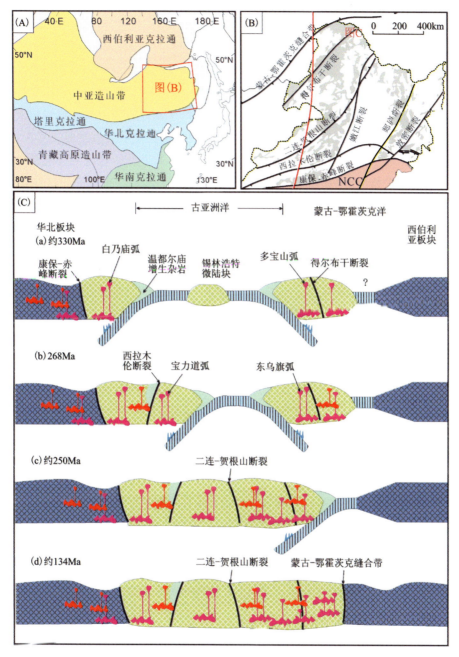

图4.3 中亚造山带东段构造演化模型

(1)古生代期间,位于华北克拉通与西伯利亚板块之间的古亚洲洋发生了多次的俯冲-碰撞作用。大兴安岭南段古亚洲洋壳向华北克拉通的俯冲作用造成了大量的弧陆和弧弧拼贴碰撞到华北北缘,如早古生代的温都尔庙增生杂岩体和白乃庙岩浆弧,形成了早期的辽源增生地体(Xiao et al.,2003)。期间形成了白乃庙铜金钼矿床[辉钼矿 Re-Os 年龄为(445.0±3.4)Ma;Li et al.,2012b],是大兴安岭南段目前发现的最古老的斑岩型矿床。晚古生代期间,区内仍然发生着古亚洲洋的多方向俯冲消减作用,多个洋盆逐渐缩减闭合,伴随发生着兴安地块、松辽地体和辽源地体的弧增生作用(Xiao et al.,2003;Wu et al.,2011a)。松辽地体范围广阔,包括了中部的松辽盆地、西部的大兴安岭南段以及东部的小兴安岭和张广才岭(张成,2015)。晚石炭世—早二叠世期间(约300Ma),研究区内的松辽地体与北边的兴安地块已经拼合(Wu et al.,2011a;Xu et al.,2013),位于华北克拉通和兴安地块间的古亚洲洋壳发生南北双向俯冲。古亚洲洋壳向华北板块发生安第斯型俯冲,伴随产生俯冲相关的岩浆岩侵位及成矿事件(324~274Ma,Zhang et al.,2009)。古亚洲洋壳向兴安地块发生类似于西太平洋型俯冲,产生宝力道岩浆弧(苏尼特左旗-锡林浩特-西乌旗南岩浆弧),并使得松辽地体北部处于俯冲弧后伸展环境,造成了弧后洋"贺根山洋"的拉开(Miao et al.,2008)和大量的富钾或A型花岗岩的形成(姚玉鹏,1997;吴福元等,1999;童英等,2010)。区内松辽地体北部在弧后伸展背景下,之前碰撞加厚的下地壳发生部分熔融产生含矿岩浆,进而上升侵位形成准苏吉花钼矿床(刘翼飞等,2012),也是区内目前发现的唯一一个海西期钼矿床。

(2)二叠纪中期到早中三叠世(230~270Ma)是该区的一个成矿峰期(图4.2)。期间发生古亚洲洋的晚阶段俯冲及闭合作用,在俯冲和碰撞的构造环境下,形成了多个金矿和多金属矿床,如哈达庙金矿(鲁颖淮等,2009)、毕力赫金矿(268Ma,朱雪峰等,2018)、好力宝钼铜矿(Zeng et al.,2013)和香山铜铅锌矿(王亚东等,2021)。尽管古亚洲洋最终闭合的缝合带还存在一定争议,但大量的多学科研究结果均支持华北板块与西伯利亚南缘-蒙古增生褶皱带最终碰撞拼合时间为二叠纪末—三叠纪初(约250Ma)(Sengor et al.,1993;Zorin et al.,1995;Chen et al.,2000;Xiao et al.,2003,2009;李锦轶等,2007;Miao et al.,2007;Windley et al.,2007;Wu et al.,2011a;Xu et al.,2013)。在早二叠世,该区域内仍发生着古亚洲洋的多方向俯冲消减作用,二叠纪末到三叠纪初,随着古亚洲洋的闭合,华北板块与西伯利亚板块发生碰撞,导致地壳挤压、缩短、叠覆、加厚造山,地壳物质变质脱水-部分熔融,形成以壳源为主的高黏度的花岗岩类(代军治等,2006;陈衍景等,2009;张连昌等,2010)。古亚洲洋闭合后,约在三叠纪末完成了造山演化(Zeng et al.,2011;李剑锋,2015),自此以后,大兴安岭南段进入到蒙古-鄂霍茨克洋构造体系的演化阶段(张成,2015)。三叠纪中晚期,受西北方向蒙古-鄂霍茨克洋壳俯冲的弧后伸展作用影响,区域构造环境逐渐由挤压转变为伸展,大兴安岭南段形成了大量中酸性岩浆岩及A型花岗岩和火山岩,以及沿西拉木伦断裂分布的基性—超基性杂岩体(Wu et al.,2011a;葛文春等,2005;Wang et al.,2012)。与此同时,形成了大规模的斑岩型钼(铜)矿床,包括车户沟钼铜矿(Zeng et al.,2012a)、元宝山钼矿(Liu et al.,2010b)、库里吐钼铜矿(孙燕等,2013)、白土营子钼铜矿(孙燕等,2013)、劳家沟钼铜矿(Duan et al.,2015)。

(3)早侏罗世—中侏罗世时期主要受蒙古-鄂霍茨克洋向南东方向的俯冲作用的影响,大兴安岭南部由于远离俯冲带,主要遭受俯冲弧后伸展作用。该区域进入了岩浆活动的空窗期(赵盼等,2023),目前仅发现个别矿床形成于此阶段,如孟恩陶勒盖铅锌银矿(张炯飞等,2003)和东布拉格钼矿(Zhou et al.,2018)。

(4)晚侏罗世—早白垩世(160~130Ma)是该区的另一个主成矿期,由于蒙古-鄂霍茨克洋自西向东的"剪刀式"闭合,此时的大兴安岭南部地区主要发生西伯利亚板块和华北-蒙古

第4章 大兴安岭南段岩浆热液矿床成矿规律

联合板块的陆陆碰撞作用。在总体伸展背景下，碰撞造山带发生垮塌、岩石圈地幔拆沉、软流圈上涌，促使岩石圈地幔和下地壳部分熔融，形成大量岩浆侵入和喷发活动，引发大规模成矿事件，包括钼矿、银铅锌矿、铜矿、钨锡矿在这一成矿期都达到了顶峰[图4.2(B)]。迪彦钦阿木大型斑岩型钼矿[(157.7±1.3)Ma；王玭，2015]和双尖子山大型热液脉型银铅锌矿床[(132.7±3.9)Ma；赵家齐等，2022]都形成于这一成矿期。

第5章 总　结

(1)大兴安岭南段地区岩浆活动频繁而强烈,贯穿整个演化历史,在时间上,岩浆岩具有多旋回特征,各旋回岩浆活动强度与构造运动强度一致,元古代、晚古生代和中生代侏罗纪,构造运动频繁而剧烈,相应旋回的岩浆岩发育,早古生代和早中生代构造活动相对较弱,相应的早古生代和三叠纪旋回的岩浆活动较弱。

(2)大兴安岭南段地区岩浆活动受构造运动控制明显,在空间分布上具有明显与构造运动一致的分带性,太古代至早元古代岩浆岩主要沿康保-赤峰断裂北侧华北克拉通北缘裂谷带呈东西向带状分布,加里东旋回岩浆岩分布于温都尔庙-翁牛特旗白乃庙早古生代弧增生杂岩带,晚古生代岩浆岩主要分布于二连-贺根山-黑河断裂两侧的锡林浩特晚古生代弧增生杂岩带和兴安地块南缘东乌珠穆沁旗一带,燕山期和喜马拉雅期岩浆岩沿嫩江断裂带西侧呈北东向分布。

(3)毕力赫金矿成矿岩体花岗闪长岩形成于268Ma,元素地球化学研究显示其具有陆缘弧岩浆岩的特征,结合锆石Hf同位素以及全岩Sr-Nb同位素研究,认为成矿岩体可能源于新生下地壳部分熔融产生的底侵中基性岩浆与由底侵导致的白乃庙微陆块古老基底物质部分熔融形成的长英质岩浆的混合。

(4)毕力赫金矿容矿围岩额里图组沉凝灰岩形成于275~268Ma之间,微量元素表现为陆缘弧火山岩的特征。额里图组火山岩形成于古亚洲俯冲过程中的大陆边缘弧环境下。

(5)古亚洲洋的闭合时间晚于268Ma,闭合之前经历了长期的俯冲作用,导致毕力赫成矿岩体源区经历了早期俯冲过程中岩浆的抽提作用,晚阶段源区残余物再次部分熔融时,有利于形成富Au的毕力赫成矿岩浆。另外,成矿岩体形成于偏还原环境下,这种环境更有利于金的迁移,也可能是导致毕力赫金矿高Au/Cu的原因之一。

(6)宝力格铅锌矿化点含矿岩体宝力格花岗杂岩体主要岩性为二长花岗岩和钾长花岗岩,形成于311~296Ma,主、微量元素特征与陆缘弧岩浆岩相似,并具有正的$\varepsilon_{Hf}(t)$和$\varepsilon_{Nd}(t)$值,属于高分异I型花岗岩,形成于新生下地壳部分熔融,并可能有少量远洋沉积物混入。

(7)二连贺根山断裂北侧发育一系列晚石炭世至早二叠世岩浆岩(327~299Ma),这些岩浆岩多具有与俯冲有关的弧岩浆岩的性质,可能形成于古亚洲洋板片向北的俯冲过程,早二叠世期间古亚洲洋在大兴安岭一带仍未闭合。

(8)宝力格铅锌矿化点作为区域上为数不多的古生代矿化,研究其成岩成矿作用,对于寻找区域上的晚古生代矿床热液脉矿床具有重要意义。

(9)大兴安岭南段广泛发育与岩浆有关的热液矿床,主要包括斑岩型、热液脉型和矽卡岩

第5章 总　结

型3种矿床类型。斑岩型矿床以钼矿为主,其次为铜矿,热液脉型及矽卡岩型矿床则以铅锌矿为主。

(10)大兴安岭南段存在两个主成矿期,分别为二叠纪—三叠纪(300～220Ma)和晚侏罗世—早白垩世(155～130Ma)。二叠纪—三叠纪成矿期以斑岩型铜(金/钼)矿床为代表,其次为热液脉型(铜)铅锌(银)矿和钨钼等,主要沿西拉木伦-长春断裂带分布;晚侏罗世—早白垩世成矿期则形成大量热液脉型铅锌(银)矿和斑岩型钼(铜)矿,在区内分布广泛,以东乌珠穆沁旗—锡林浩特—林西一带分布最为密集。

主要参考文献

白珏,张可,2013.内蒙古乌日尼图钼铜矿床辉钼矿铼-锇同位素定年及其地质意义[J].矿产勘查,4(6):671-677.

白文吉,杨经绥,周美付,等,1995.西淮噶尔不同时代蛇绿岩及其构造演化[J].岩石学报,(S1):62-72.

鲍庆中,张长捷,吴之理,等,2007.内蒙古白音高勒地区石炭纪石英闪长岩 SHRIMP 锆石 U-Pb 年代学及其意义[J].吉林大学学报(地球科学版),37(1):15-23.

常利忠,2014.内蒙古西拉木伦构造混杂岩带物质组成及其构造变形特征[D].北京:中国地质大学(北京).

陈斌,马星华,刘安坤,等,2009.锡林浩特杂岩和蓝片岩的锆石 U-Pb 年代学及其对索仑缝合带演化的意义[J].岩石学报,25(12):3123-3129.

陈公正,武广,李铁刚,等,2018.内蒙古道伦达坝铜钨锡矿床 LA-ICP-MS 锆石和锡石 U-Pb年龄及其地质意义[J].矿床地质,37(2):225-245.

陈公正,武广,李振祥,等,2023.内蒙古花敖包特银多金属矿床成矿作用:来自锆石和锡石 U-Pb 年龄的约束[J].岩石学报,39(6):1771-1790.

陈衍景,李诺,2009a.大陆内部浆控高温热液矿床成矿流体性质及其与岛弧区同类矿床的差异[J].岩石学报,25(10):2477-2508.

陈衍景,翟明国,蒋少涌,2009b.华北大陆边缘造山过程与成矿研究的重要进展和问题[J].岩石学报,25(11):2695-2726.

陈衍景,张成,李诺,等,2012.中国东北钼矿床地质[J].吉林大学学报(地球科学版),42:1123-1168.

陈永清,周顶,郭令芬,2014.内蒙古花敖包特铅锌银多金属矿床成因探讨:流体包裹体及硫、铅、氢、氧同位素证据[J].吉林大学学报(地球科学版),44(5):1478-1491.

陈跃军,彭玉鲸,2002.华北板块北缘活动带元古宙构造岩片[J].吉林大学学报(地球科学版),32(2):134-139.

程胜东,方俊钦,赵盼,等,2014.内蒙古西拉木伦河两岸志留—泥盆系碎屑锆石年龄及其构造意义[J].岩石学报,30(7):1909-1921.

程银行,滕学建,辛后田,等,2012.内蒙古东乌旗狠麦温都尔花岗岩 SHRIMP 锆石 U-Pb年龄及其地质意义[J].岩石矿物学杂志,31(3):323-334.

代军治,毛景文,杨富全,等,2006.华北地台北缘燕辽钼(铜)成矿带矿床地质特征及动力学背景[J].矿床地质,25(5):598-612.

邓晋福,冯艳芳,狄永军,等,2015.岩浆弧火成岩构造组合与洋陆转换[J].地质论评,61(3):473-484.

邓晋福,肖庆辉,苏尚国,等,2007.火成岩组合与构造环境:讨论[J].高校地质学报,13(3):392-402.

丁凌,2008.内蒙古东部地区晚古生代地层构造演化研究[D].长春:吉林大学.

董春艳,王世进,刘敦一,等,2011.华北克拉通古元古代晚期地壳演化和荆山群形成时代制约——胶东地区变质中—基性侵入岩锆石SHRIMP U-Pb定年[J].岩石学报,27(6):1699-1706.

董桂玉,2009.苏里格气田上古生界气藏主力含气层段有效储集砂体展布规律研究[D].成都:成都理工大学.

董旭舟,周振华,王润和,等,2014.内蒙古敖包吐铅锌矿床花岗岩类年代学及其地球化学特征[J].矿床地质,33(2):323-338.

范宏瑞,胡芳芳,杨奎锋,等,2009.内蒙古白云鄂博地区晚古生代闪长质-花岗质岩石年代学框架及其地质意义[J].岩石学报,25(11):241-246.

费红彩,肖荣阁,王安建,2012.白云鄂博REE-Nb-Fe稀土矿赋矿岩系建造研究评述[J].地质学报,86(5):757-766.

冯桂兴,李树才,邓绍颖,等,2015.内蒙古温都尔庙群SHRIMP年龄新解[J].矿产与地质(2):267-272.

冯志强,2015.大兴安岭北段古生代构造-岩浆演化[D].长春:吉林大学.

凤永刚,刘树文,吕勇军,等,2009.冀北凤山晚古生代闪长岩-花岗质岩石的成因:岩石地球化学、锆石U-Pb年代学及Hf同位素制约[J].北京大学学报(自然科学版),45(1):59-70.

付冬,葛梦春,黄波,等,2014.内蒙古东乌旗德勒乌拉组的建立及其构造环境初探[J].地质科技情报,33(5):75-85.

高飞,刘永江,温泉波,等,2018.内蒙古突泉—科尔沁右翼中旗地区中生代花岗岩锆石U-Pb年龄及其地质意义[J].吉林大学学报(地球科学版),48(3):769-783.

高旭,周振华,车合伟,等,2018.内蒙古白乃庙铜-金-钼矿床侵入岩和围岩成因:岩石地球化学和Hf同位素的证据[J].矿床地质,37(2):420-440.

葛良胜,卿敏,袁士松,等,2009.内蒙古毕力赫大型金矿勘查突破过程及启示意义[J].矿床地质,28(4):390-402.

葛文春,隋振民,吴福元,等,2007.大兴安岭东北部早古生代花岗岩锆石U-Pb年龄、Hf同位素特征及地质意义[J].岩石学报,23(2):423-440.

葛文春,吴福元,周长勇,2005.大兴安岭北部塔河花岗岩体的时代及对额尔古纳地块构造归属的制约[J].科学通报,50:1239-1246.

龚瑞君,2010.华北地台北缘中西段前寒武系重大成矿地质事件[D].成都:成都理工大学.

古阿雷,孙景贵,白令安,等,2015.大兴安岭中东部闹牛山浅成热液脉型铜矿床成岩成矿机理研究:来自地球化学及年代学制约[C]//中国矿物岩石地球化学学会.中国矿物岩石地球化学学会第 15 届学术年会论文摘要集(3).

顾玉超,陈仁义,杜继宇,等,2023.大兴安岭南段黄岗梁地区早白垩世正长花岗岩成因及构造启示:锆石 U-Pb 年龄、岩石地球化学和 Sr-Nd-Pb 同位素证据[J].地质通报,1-29.

顾玉超,陈仁义,贾斌,等,2017.内蒙古边家大院铅锌银矿床深部正长花岗岩年代学与形成环境研究[J].中国地质,44(1):101-117.

郭向国,黄蒙辉,王兆强,等,2020.内蒙古巴根黑格其尔铅锌矿花岗斑岩锆石 U-Pb 年代学、地球化学及 Sr-Nd-Pb-Hf 同位素研究[J].地质学报,94(2):527-552.

郭志军,周振华,李贵涛,等,2012.内蒙古敖尔盖铜矿中—酸性侵入岩体 SHRIMP 锆石 U-Pb 定年与岩石地球化学特征研究[J].中国地质,39(6):1486-1500.

韩松昊,2018.内蒙古巴彦都兰铜矿成矿时代、成矿流体及成矿作用研究[D].北京:中国地质大学(北京).

郝百武,2011.内蒙古哈达庙地区构造-岩浆演化与金成矿作用研究[D].昆明:昆明理工大学.

郝百武,蒋杰,2010.内蒙古镶黄旗哈达庙金矿杂岩体年代学、地球化学及其形成机制[J].岩石矿物学杂志,29(6):750-762.

何付兵,徐吉祥,谷晓丹,等,2013.内蒙古东乌珠穆沁旗阿木古楞复式花岗岩体时代、成因及地质意义[J].地质论评,59:1150-1164.

贺淑赛,李秋根,王宗起,等,2015.内蒙古中部宝力高庙组长英质火山岩 U-Pb-Hf 同位素特征及其地质意义[J].北京大学学报(自然科学版),51(1):50-64.

黑龙江省地质矿产局,1993.黑龙江省区域地质志[M].北京:地质出版社.

洪大卫,黄怀曾,肖宜君,等,1994.内蒙古中部二叠纪碱性花岗岩及其地球动力学意义[J].地质学报(3):219-230.

洪大卫,王式,谢锡林,等,2000.兴蒙造山带正 $\varepsilon(Nd,t)$ 值花岗岩的成因和大陆地壳生长[J].地学前缘,7(2):441-456.

纪宏伟,牛子良,东前,等,2021.内蒙古红山子铀钼矿床辉钼矿 Re-Os 同位素和锆石 U-Pb 年代学研究及其地质意义[J].铀矿地质,37(5):810-822.

季根源,江思宏,李高峰,等,2021.大兴安岭南段毛登 Sn-Cu 矿床岩浆作用对成矿制约:年代学、地球化学及 Sr-Nd-Pb 同位素证据[J].大地构造与成矿学,45(4):681-704.

简平,张旗,刘敦一,等,2005.内蒙古固阳晚太古代赞岐岩(Sanukite)-角闪花岗岩的 SHRIMP 定年及其意义[J].岩石学报,21(1):153-159.

江思宏,聂凤军,刘翼飞,等,2011.内蒙古孟恩陶勒盖银多金属矿床及其附近侵入岩的年代学[J].吉林大学学报(地球科学版),41(6):1755-1769.

江小均,柳永清,彭楠,等,2011.内蒙古克什克腾旗广兴源复式岩体 SHRIMP U-Pb 定年及地质意义讨论[J].地质学报,85(1):114-128.

蒋斌斌,祝新友,黄行凯,等,2020.大兴安岭南段白音诺尔铅锌矿床成矿时代确定及其找矿意义[J].地质学报,94(10):2844-2855.

蒋昊原,赵志丹,祝新友,等,2020.内蒙古边家大院铅锌银矿床花岗斑岩及辉石闪长岩特征及对成矿的指示[J].中国地质,47(2):450-471.

睢程晨,2009.内蒙古自治区毕力赫金矿蚀变和流体包裹体特征分析[D].北京:中国地质大学(北京).

康欢,刘翼飞,江思宏,2019.内蒙古莲花山铜矿床辉钼矿铼-锇年代学、矿石硫-铅同位素地球化学与矿床成因[J].地质学报,93(12):3082-3094.

康磊,李永军,张兵,等,2009.新疆西准噶尔夏尔莆岩体岩浆混合的岩相学证据[J].岩石矿物学杂志,28(5):19-28.

李承东,冉皞,赵利刚,等,2012.温都尔庙群锆石的LA-MC-ICP MS U-Pb年龄及构造意义[J].岩石学报,28(11):3705-3714.

李刚,刘正宏,徐仲元,等,2012.内蒙古白乃庙逆冲推覆构造的组成及其构造特征[J].吉林大学学报(地球科学版)(S2):309-319.

李光耀,李志丹,王佳营,等,2020.内蒙古乌拉特后旗查干花钼矿锆石U-Pb和辉钼矿Re-Os同位素年龄及其地质意义[J].现代地质,34(3):494-503.

李剑锋,2015.内蒙古赤峰红岭铅锌多金属矿床成矿作用及外围成矿预测[D].吉林:吉林大学.

李锦轶,高立明,孙桂华,2007.内蒙古东部双井子中三叠世同碰撞壳源花岗岩的确定及其对西伯利亚与中朝古板块碰撞时限的约束[J].岩石学报,23(3):565-582.

李俊建,付超,唐文龙,等,2016a.内蒙古东乌旗沙麦钨矿床的成矿时代[J].地质通报,35(4):524-530.

李俊建,唐文龙,付超,等,2016c.内蒙古阿巴嘎旗比鲁甘干斑岩型钼矿床辉钼矿Re-Os同位素年龄及其地质意义[J].地质通报,35(4):519-523.

李俊建,赵泽霖,党智财,等,2016b.内蒙古东乌旗奥尤特铜矿床的成矿时代[J].地质通报,35(4):537-541.

李俊建,周勇,党智财,等,2016d.内蒙古化德县三胜钨钼矿床辉钼矿Re-Os同位素年龄及其地质意义[J].地质通报,35(4):531-536.

李可,张志诚,冯志硕,等,2014.内蒙古中部巴彦乌拉地区晚石炭世—早二叠世火山岩锆石SHRIMP U-Pb定年及其地质意义[J].岩石学报,30(7):2041-2054.

李可,张志诚,冯志硕,等,2015.兴蒙造山带中段北部晚古生代两期岩浆活动及其构造意义[J].地质学报,89(2):272-288.

李朋武,高锐,管烨,等,2006.内蒙古中部索伦林西缝合带封闭时代的古地磁分析[J].吉林大学学报(地球科学版),36(5):744-758.

李瑞杰,2013.内蒙古西乌旗本巴图组火山岩地球化学特征、年代学及地质意义研究[D].北京:中国地质大学(北京).

李文国,李虹,1999.锡林格勒盟地层古生物综述[J].内蒙古文物考古,2:1-17.

李文国,李庆富,姜万德,1996.内蒙古自治区岩石地层[M].武汉:中国地质大学出版社.

李永军,李注苍,丁仨平,等,2004.西秦岭温泉花岗岩体岩石学特征及岩浆混合标志[J].地球科学与环境学报,26(3):7-12.

梁玉伟,余存林,沈国珍,等,2013.内蒙古东乌旗索纳嘎铅锌银矿区花岗岩地球化学特征及其构造与成矿意义[J].中国地质,40:767-779.

林孝先,2011.陆源碎屑岩盆地综合物源分析——以鄂尔多斯盆地北部山西组为例[D].成都:成都理工大学.

刘兵,2014.大兴安岭地区晚古生代构造演化研究[D].长春:吉林大学.

刘聪,郭虎,赖勇,2020.准苏吉花斑岩型钼铜矿床岩体特征及成矿机制研究[J].北京大学学报(自然科学版),56(4):679-691.

刘建峰,2009.内蒙古林西-东乌旗地区晚古生代岩浆作用及其对区域构造演化的制约[D].长春:吉林大学.

刘建峰,李锦轶,迟效国,等,2013.华北克拉通北缘与弧-陆碰撞相关的早泥盆世长英质火山岩——锆石 U-Pb 定年及地球化学证据[J].地质通报,32(2):267-278.

刘军,武广,李铁刚,等,2014.内蒙古镶黄旗哈达庙地区晚古生代中酸性侵入岩的年代学、地球化学、Sr-Nd 同位素组成及其地质意义[J].岩石学报,30(1):95-108.

刘树文,吕勇军,凤永刚,等,2007.冀北红旗营子杂岩的锆石、独居石年代学及地质意义[J].地质通报,26(9):30-44.

刘伟,潘小菲,谢烈文,等,2007.大兴安岭南段林西地区花岗岩类的源岩:地壳生长的时代和方式[J].岩石学报,23(2):441-461.

刘新,李学刚,祝新友,等,2017.内蒙古白音查干锡多金属矿床成矿作用研究Ⅱ:成矿花岗斑岩年代学、地球化学特征及地质意义[J].矿产勘查,8(6):981-996.

刘翼飞,聂凤军,江思宏,等,2012.内蒙古苏尼特左旗准苏吉花钼矿床成岩成矿年代学及其地质意义[J].矿床地质,31(1):119-128.

柳长峰,2010.内蒙古四子王旗地区古生代-早中生代岩浆岩带及其构造意义[D].北京:中国地质大学(北京).

鲁颖淮,李文博,赖勇,2009.内蒙古镶黄旗哈达庙金矿床含矿斑岩体形成时代和成矿构造背景[J].岩石学报,25(10):2615-2620.

路彦明,潘懋,卿敏,等,2012.内蒙古毕力赫含金花岗岩类侵入岩锆石 U-Pb 年龄及地质意义[J].岩石学报,28(3):993-1004.

马铭株,章雨旭,颉颃强,等,2014.华北克拉通北缘白云鄂博群和腮林忽洞群底部碎屑锆石 U-Pb 定年、Hf 同位素分析及其地质意义[J].岩石学报,30(10):2973-2988.

马士委,2013.内蒙古西乌旗石炭纪构造岩浆岩带及其地质意义[D].北京:中国地质大学(北京).

马铁球,伍光英,贾宝华,等,2005.南岭中段郴州一带中、晚侏罗世花岗岩浆的混合作用——来自镁铁质微粒包体的证据[J].地质通报,24(6):506-512.

马星华,陈斌,赖勇,等,2009.内蒙古敖仑花斑岩钼矿床成岩成矿年代学及地质意义[J].岩石学报,25(11):2939-2950.

马莹,2011.赤峰地区萤石矿构造控矿特征与含矿构造的判断标志[D].北京:中国地质大学(北京).

毛景文,谢桂清,张作衡,等,2005.中国北方中生代大规模成矿作用的期次及其地球动力学背景[J].岩石学报,21(1):169-188.

梅杨,2013.内蒙古正镶白旗二叠系地层特征及对比[D].石家庄:石家庄经济学院.

孟恩,2008.佳木斯地块东缘及东南缘晚古生代火山岩的年代学和岩石地球化学[D].吉林:吉林大学.

苗来成,罗晔,DORJGOCHOO Sanchir,等,2023.蒙古国铜矿床主要类型、典型矿床、时空分布与构造背景[J].岩石学报,39(11):3229-3262.

莫宣学,罗照华,邓晋福,等,2007.东昆仑造山带花岗岩及地壳生长[J].高校地质学报,13(3):403-414.

莫宣学,罗照华,肖庆辉,等,2002.花岗岩类岩石中岩浆混合作用的识别与研究方法[M].北京:地质出版社.

内蒙古自治区地质矿产局,1991.内蒙古自治区区域地质志[M].北京:地质出版社.

内蒙古自治区地质矿产局,1996.1:200 000中华人民共和国区域地质调查报告(宝力格幅)[R].1-111.

倪智勇,李诺,张辉,等,2009.河南大湖金钼矿床成矿物质来源的锶钕铅同位素约束[J].岩石学报,25(11):131-140.

聂凤军,裴荣富,吴良士,1994a.内蒙古白乃庙地区铜(金)和金矿床钕、锶和铅同位素研究[J].矿床地质(4):331-344.

聂凤军,裴荣富,吴良士,等,1994b.内蒙古温都尔庙群变质火山——沉积岩钐-钕同位素研究[J].科学通报(13):1211-1214.

聂凤军,裴荣富,吴良士,1995.内蒙古白乃庙地区绿片岩和花岗闪长斑岩的钕和锶同位素研究.地球学报,16(1):36-44.

聂凤军,张洪涛,陈琦,等,1990.内蒙古白乃庙群变质基性火山岩锆石铀-铅年龄[J].科学通报,35(13):1012-1012.

潘世语,2012.内蒙古苏尼特右旗晚石炭世本巴图组火山岩地球化学特征及构造意义[D].长春:吉林大学.

彭能立,奚小双,孔华,等,2015.内蒙古沙子沟钨钼多金属矿床辉钼矿Re-Os同位素定年及其地质意义[J].地质与勘探,51(5):838-848.

彭澎,翟明国,2002.华北陆块前寒武纪两次重大地质事件的特征和性质[J].地球科学进展,17(6):818-825.

彭润民,翟裕生,王建平,等,2010.内蒙狼山新元古代酸性火山岩的发现及其地质意义[J].科学通报,55(26):2611-2620.

祁进平,陈衍景,PIRAJNO F,2005.东北地区浅成低温热液矿床的地质特征和构造背景[J].矿物岩石,25(2):47-59.

卿敏,葛良胜,唐明国,等,2010.内蒙古自治区苏尼特右旗毕力赫大型浅成低温-斑岩型金矿成矿系统[J].矿床地质,29(S1):985-986.

卿敏,葛良胜,唐明国.等,2011b.内蒙古苏尼特右旗毕力赫大型斑岩型金矿床辉钼矿Re-

Os同位素年龄及其地质意义[J].矿床地质,30(1):11-20.

卿敏,唐明国,葛良胜,等,2012.内蒙古苏右旗毕力赫金矿区安山岩LA-ICP-MS锆石U-Pb年龄、元素地球化学特征及其形成的构造环境[J].岩石学报,28(2):514-524.

卿敏,张文钊,唐明国,等,2011a.内蒙古自治区苏尼特右旗毕力赫金矿田构造系统及其控矿规律[J].大地构造与成矿学,4:567-575.

任邦方,孙立新,滕学建,等,2012.大兴安岭北部永庆林场-十八站花岗岩锆石U-Pb年龄、Hf同位素特征[J].地质调查与研究,35(2):109-117.

任纪舜,王作勋,陈炳蔚,1999.从全球看中国大地构造:中国及邻区大地构造图简要说明[M].北京:地质出版社.

邵积东,2012.内蒙古境内有关重大基础地质问题的讨论[J].西部资源(3):47-50.

邵济安,何国琦,唐克东,2015.华北北部二叠纪陆壳演化[J].岩石学报,31:47-55.

师春,师雅洁,2012.内蒙古中部中下奥陶统包尔汉图群特征[J].西部资源(3):96-97.

隋振民,葛文春,吴福元,等,2009.大兴安岭北部察哈彦岩体的Hf同位素特征及其地质意义[J].吉林大学学报(地球科学版),39(5):849-856.

孙德有,吴福元,李惠民,等,2000.小兴安岭西北部造山后A型花岗岩的时代及与索伦山-贺根山-扎赉特碰撞拼合带东延的关系[J].科学通报,45(20):2217-2222.

孙德有,吴福元,张艳斌,等,2004.西拉木伦河-长春-延吉板块缝合带的最后闭合时间——来自吉林大玉山花岗岩体的证据[J].吉林大学学报(地球科学版),34(2):174-181.

孙立新,任邦方,赵凤清,等,2013a.内蒙古锡林浩特地块中元古代花岗片麻岩的锆石U-Pb年龄和Hf同位素特征[J].地质通报,32(2/3):327-340.

孙立新,任邦方,赵凤清,等,2013b.内蒙古额尔古纳地块古元古代末期的岩浆记录——来自花岗片麻岩的锆石U-Pb年龄证据[J].地质通报,32(2/3):341-352.

孙清飞,2023.大兴安岭天山-突泉成矿亚带南段铅锌多金属成矿作用研究[D].吉林:吉林大学.

孙燕,刘建明,曾庆栋,等,2013.内蒙东部白土营子钼铜矿田的矿床地质特征、辉钼矿Re-Os年龄及其意义[J].岩石学报,29(1):241-254.

孙珍军,孙丰月,孙国胜,等,2013.伊春地区曙光村角闪辉长岩体岩石地球化学、锆石U-Pb年代学及其地质意义[J].中南大学学报(自然科学版),44(1):257-265.

孙珍军,孙国胜,于赫楠,等,2016.赤峰撰山子花岗岩年代学、地球化学特征及其成岩动力学背景[J].吉林大学学报(地球科学版),46(6):1740-1753.

索青宇,李昌昊,申萍,等,2023.黑龙江多宝山铜(钼)矿床叠加成矿:辉钼矿Re-Os年龄和硫化物原位硫同位素证据[J].岩石学报,39(11):3479-3490.

覃莹,张晓军,姚春亮,等,2015.内蒙古准苏吉花钼矿成矿岩体年代学、地球化学特征及意义[J].矿物学报,35(S1):492.

汤文豪,张志诚,李建锋,等,2011.内蒙古苏尼特右旗查干诺尔石炭系本巴图组火山岩地球化学特征及其地质意义[J].北京大学学报(自然科学版),47(2):321-330.

唐明国,卿敏,罗照华,等,2014.毕力赫金矿成矿岩体Sr-Nd-Pb同位素特征及地质意义

[J].矿床地质(S1):259-260.

陶继雄,王弢,陈郑辉,等,2009.内蒙古苏尼特左旗乌兰德勒钼铜多金属矿床辉钼矿铼-锇同位素定年及其地质特征[J].岩矿测试,28(3):249-253.

田立明,郑有业,郑海涛,2017.特提斯喜马拉雅带东段列麦白云母花岗岩年代学及成因[J].地质学报,91(5):992-1006.

童英,洪大卫,王涛,等,2010.中蒙边界中段花岗岩时空分布特征及构造、找矿意义[J].地球学报,31(3):395-412.

万多,李剑锋,王一存,等,2014.内蒙古红岭铅锌多金属矿床辉钼矿Re-Os同位素年龄及其意义[J].地球科学(中国地质大学学报),39(6):687-695.

王博,2015.内蒙苏尼特右旗地区古生代地层碎屑锆石年龄及物源研究[D].西安:西北大学.

王成文,金巍,张兴洲,2008.东北及邻区晚古生代大地构造属性新认识[J].地层学杂志,32(2):119-136.

王承洋,2015.内蒙古黄岗梁-甘珠尔庙成矿带铅锌多金属成矿系列与找矿方向[D].吉林:吉林大学.

王德滋,谢磊,2008.岩浆混合作用:来自岩石包体的证据[J].高校地质学报,14(1):16-21.

王芳,陈福坤,侯振辉,等,2009.华北陆块北缘崇礼—赤城地区晚古生代花岗岩类的锆石年龄和Sr-Nd-Hf同位素组成[J].岩石学报,25(11):3057-3074.

王佳新,聂凤军,张雪旎,等,2014.内蒙古夏尔楚鲁金矿床辉钼矿铼-锇同位素年龄及成矿事件[J].地质学报,88(12):2386-2393.

王瑾,2009.内蒙古维拉斯托铜多金属矿床矿区花岗岩类年代学与地球化学[D].北京:中国地质大学(北京).

王批,2015.大陆碰撞与岩浆弧背景斑岩钼矿对比研究[D].广州:中国科学院大学.

王倩,侯可军,张增杰,等,2023.内蒙古那仁乌拉钨多金属矿床成岩成矿年代学研究及其对找矿勘查的指示[J].岩石学报,39(6):1757-1770.

王挽琼,2014.华北板块北缘中段晚古生代构造演化:温都尔庙-集宁火成岩年代学、地球化学的制约[D].长春:吉林大学.

王挽琼,刘正宏,王兴安,等,2012.内蒙古乌拉特中旗海西期黑云母二长花岗岩锆石SHRIMP U-Pb年龄及其地质意义[J].吉林大学学报(地球科学版),42(6):1771-1782.

王亚东,姜山,王之晟,等,2021.内蒙古扎鲁特旗香山镇地区大石寨组火山岩年代学、地球化学特征及其地质意义[J].矿物岩石,41(2):13-23.

王一存,2018.内蒙古西拉木伦成矿带铜钼多金属成矿作用研究与成矿预测[D].吉林:吉林大学.

王玉净,樊志勇,1997.内蒙古西拉木伦河北部蛇绿岩带中二叠纪放射虫的发现及其地质意义[J].古生物学报,36(1):58-69.

王玉往,曲丽莉,王丽娟,等,2002.大井锡多金属矿床矿化中心的探讨[J].地质与勘探

(2):23-27.

王治华,常春郊,王梁,等,2013a. 内蒙古1017高地银多金属矿床^{40}Ar-^{39}Ar年龄及地质意义[J]. 地球化学,42(6):589-598.

王治华,孙磊,黄再兴,等,2013b. 内蒙古1017高地银多金属矿区二长花岗岩锆石SHRIMP U-Pb年龄及其地球化学特征[J]. 矿物岩石,33(2):72-84.

巫建华,武王君,祝洪涛,等,2013. 大兴安岭红山子盆地火山岩系岩石地层对比[J]. 高校地质学报(3):472-483.

吴福元,曹林,1999. 东北亚地区的若干重要基础地质问题[J]. 世界地质,18(2):1-13.

吴福元,李献华,杨进辉,等,2007b. 花岗岩成因研究的若干问题[J]. 岩石学报,23(6):1217-1238.

吴福元,李献华,郑永飞,等,2007a. Lu-Hf同位素体系及其岩石学应用[J]. 岩石学报,27(2):185-220.

吴冠斌,刘建明,曾庆栋,等,2013. 内蒙古大兴安岭双尖子山铅锌银矿床成矿年龄. 矿物学报[J]. 33(S2):619.

武将伟,2012. 内蒙古东乌旗敖包特石炭纪花岗岩年代学、地球化学与大地构造演化讨论[D]. 北京:中国地质大学(北京).

郗爱华,顾连兴,李绪俊,等,2006. 吉林红旗岭铜镍硫化物矿床的成矿时代讨论[J]. 矿床地质,2005(5):54-59.

肖荣阁,彭润民,王美娟,2000. 华北地台北缘西段主要成矿系统分析[J]. 地球科学——中国地质大学学报,25(4):362-368.

肖伟,2013. 内蒙古长山壕金矿床地质特征与成因研究[D]. 北京:中国地质科学院.

辛后田,滕学建,程银行,2011. 内蒙古东乌旗宝力高庙组地层划分及其同位素年代学研究[J]. 地质调查与研究,34(1):1-9.

辛江,2013. 内蒙古东南部多金属成矿系列与找矿模型[D]. 北京:中国地质大学(北京).

徐备,徐严,栗进,等,2016. 内蒙古西部温都尔庙群的时代及其在中亚造山带中的位置[J]. 地学前缘,23(6):120-127.

徐发,孙家枢,唐永章,等,2005. 内蒙古扎鲁特旗哈德营子铜-银多金属矿成矿地质条件及地球化学异常特征分析[J]. 矿产与地质(4):350-354.

徐毅,2005. 黄岗-甘珠尔庙成矿带多金属矿构造控矿特征分析[D]. 北京:中国地质大学(北京).

许立权,2005. 内蒙古白云鄂博-满都拉地区加里东期-华力西期-印支期岩浆岩特征与大地构造演化探讨[D]. 北京:中国地质大学(北京).

许立权,鞠文信,刘翠,等,2012. 内蒙古二连浩特北部阿仁绍布地区晚石炭世花岗岩Sr-Yb分类及其成因[J]. 地质通报,31(9):1410-1419.

许文良,王枫,裴福萍,等,2013. 中国东北中生代构造体制与区域成矿背景:来自中生代火山岩组合时空变化的制约[J]. 岩石学报,29(2):339-353.

薛怀民,郭利军,侯增谦,等,2010. 大兴安岭西南坡成矿带晚古生代中期未变质岩浆岩的

SHRIMP 锆石 U-Pb 年代学[J]. 岩石矿物学杂志,29(6):811-823.

杨海星,高利东,高玉石,等,2019. 大兴安岭中南段罕山林场地区玛尼吐组安山岩年代学、地球化学特征及其地质意义[J]. 地质与勘探,55(5):1223-1240.

杨捷坤,2019. 内蒙古花脑特银铅锌矿床地质地球化学特征与成因机制[D]. 北京:中国地质大学(北京).

姚广,2016. 内蒙古中西部艾力格庙群锆石 U-Pb 年龄及其地质意义[D]. 北京:中国地质大学(北京).

姚欢,孙朝辉,刘喜恒,等,2013. 内蒙古中部主要断裂对晚古生代地层分布的控制研究[J]. 长江大学学报(自然科学版),10(16):1-4.

姚玉鹏,1997. 国际地质对比计划 IGCP420 项目"显生宙大陆增生:东一中亚地区的证据"简介[J]. 科学通报,42(10):1119-1120.

殷娜,余中元,周兆军,等,2019. 嫩江断裂带北段的第四纪活动特征初步研究[J]. 震灾防御技术,14(1):164-173.

余超,柳振江,宓奎峰,等,2017. 内蒙古巴彦都兰铜矿地质特征及矿床成因——岩石地球化学、锆石 U-Pb 年代学及 Hf 同位素证据[J]. 现代地质,31(6):1095-1113.

云飞,聂风军,江思宏,等,2011. 内蒙古莫若格钦地区二长闪长岩锆石 SHRIMP U-Pb 年龄及其地质意义[J]. 矿床地质,30(3):504-510.

曾俊杰,郑有业,齐建宏,等,2008. 内蒙古固阳地区埃达克质花岗岩的发现及其地质意义[J]. 地球科学,33(6):755-763.

曾庆栋,刘建明,褚少雄,等,2016. 大兴安岭南段多金属矿成矿作用和找矿潜力[J]. 吉林大学学报(地球科学版),46(4):1100-1123.

翟大兴,张永生,田树刚,等,2015. 兴蒙地区晚二叠世林西组灰岩微量元素与碳、氧同位素特征及沉积环境讨论[J]. 地球学报,36(3):333-343.

翟德高,刘家军,李俊明,等,2016. 内蒙古维拉斯托斑岩型锡矿床成岩、成矿时代及其地质意义[J]. 矿床地质,35(5):1011-1022.

翟德高,刘家军,王建平,等,2012. 内蒙古哈什吐钼矿床熔融-流体包裹体特征及硫同位素组成[J]. 地球科学,37(6):1279-1290.

翟明国,彭澎,2007. 华北克拉通古元古代构造事件[J]. 岩石学报,23(11):2665-2682.

翟裕生,姚书振,蔡克勤,2011. 矿床学(第三版)[M]. 北京:地质出版社.

张臣,1999. 内蒙古苏左旗南部温都尔庙群地层研究的新进展[J]. 地学前缘(3):112-118.

张臣,吴泰然,1998. 内蒙古温都尔庙群变质基性火山岩 Sm-Nd、Rb-Sr 同位素年代研究[J]. 地质科学(1):25-30.

张成,2015. 大兴安岭钼矿床地质、地球化学与成矿演化[D]. 北京:北京大学.

张海华,徐德斌,张扩,2014. 大兴安岭北段泥盆系泥鳅河组地球化学特征及沉积环境[J]. 地质与资源,23(4):316-322.

张健,2012. 内蒙古东部大石寨组火山岩锆石 U-Pb 年代学及其地球化学研究[D]. 吉林:吉林大学.

张金凤,刘正宏,关庆彬,等,2017.内蒙古苏尼特右旗白乃庙地区徐尼乌苏组的形成时代及其地质意义[J].岩石学报,33(10):3147-3160.

张炯飞,庞庆邦,朱群,等,2003.内蒙古孟恩陶勒盖银铅锌矿床白云母Ar-Ar年龄及其意义[J].矿床地质,(3):253-256.

张军,徐巧,贾若,等,2021.大兴安岭南段敖脑达坝锡多金属成矿系统年代学、地球化学特征及成矿机制[C]//首届全国矿产勘查大会论文集.北京绿勘科技有限责任公司:876-880.

张可,聂凤军,侯万荣,等,2012.内蒙古林西县哈什吐钼矿床辉钼矿铼-锇年龄及其地质意义[J].矿床地质,31(1):129-138.

张连昌,吴华英,相鹏,等,2010.中生代复杂构造体系的成矿过程与成矿作用:以华北大陆北缘西拉木伦钼铜多金属成矿带为例[J].岩石学报,26(5):1351-1362.

张锐,2008.内蒙古集宁-凉城地区银多金属矿床成矿作用及找矿方向[D].北京:北京科技大学.

张万益,2008.内蒙古东乌珠穆沁旗岩浆活动与金属成矿作用[D].北京:中国地质科学院.

张万益,聂凤军,高延光,等,2012.内蒙古查干敖包三叠纪碱性石英闪长岩的地球化学特征及成因[J].岩石学报,28(2):525-534.

张维,简平,2012.华北北缘固阳二叠纪闪长岩-石英闪长岩-英云闪长岩套SHRIMP年代学[J].中国地质,39(6):1593-1603.

张文钊,2010.内蒙古毕力赫大型斑岩型金矿床:地质特征、发现过程与启示意义[D].北京:中国地质大学(北京).

张晓倩,朱弟成,赵志丹,等,2012.西藏措勤麦嘎岩基的锆石U-Pb年代学、地球化学和锆石Hf同位素:对中部拉萨地块早白垩世花岗岩类岩成因的约束[J].岩石学报,28(5):1615-1634.

张彦龙,赵旭晁,葛文春,等,2010.大兴安岭北部塔河花岗杂岩体的地球化学特征及成因[J].岩石学报,26(12):507-520.

张永清,孟二根,巩智镇,等,2004.内蒙古中部中—晚志留世西别河组的划分和时代[J].地质通报,23(4):352-359.

张允平,苏养正,李景春,2010.内蒙古中部地区晚志留世西别河组的区域构造学意义[J].地质通报,29(11):1599-1605.

张作伦,刘建明,曾庆栋,2011.内蒙古碾子沟钼矿床SHRIMP锆石U-Pb年龄、硫同位素组成及其地质意义.矿床地质,30(6):1122-1128.

张作伦,曾庆栋,屈文俊,等,2009.内蒙碾子沟钼矿床辉钼矿Re-Os同位素年龄及其地质意义[J].岩石学报,25(1):212-218.

章永梅,张华锋,刘文灿,等,2009.内蒙古中部四子王旗大庙岩体时代及成因[J].岩石学报,25(12):65-81.

赵斌,2010.海拉尔盆地形成机制与演化特征探讨[D].大庆:大庆石油学院.

赵春荆,彭玉鲸,党增欣,等,1996.吉黑东部构造格架及地壳演化[M].沈阳:辽宁大学出版社.

赵家齐,周振华,欧阳荷根,等,2022.内蒙古双尖子山银铅锌(锡)矿床石英正长斑岩U-Pb年龄、地球化学及其地质意义[J].矿床地质,41(2):324-344.

赵克强,孙景贵,程琳,等,2023.内蒙古白土营子钼矿床成矿年代学及成矿流体特征[J].吉林大学学报(地球科学版),53(3):822-839.

赵盼,徐备,陈岩,2023.蒙古-鄂霍茨克洋:演化过程和最终闭合[J].中国科学:地球科学,53(11):2541-2559.

赵庆英,2010.内蒙古大青山地区晚古生代—早中生代花岗岩成因及其形成构造环境[D].吉林:吉林大学.

赵帅,2010.内蒙古中部渣尔泰山群元素地球化学特征及铀成矿指示[D].成都:成都理工大学.

赵帅,徐争启,刘峰,2009.浅谈内蒙古中部渣尔泰山群稀土元素地球化学特征[J].矿物学报,29(S1):199-200.

赵芝,2008.内蒙古大石寨地区早二叠世大石寨组火山岩的地球化学特征及其构造环境[D].吉林:吉林大学.

赵芝,迟效国,刘建峰,等,2010.内蒙古牙克石地区晚古生代弧岩浆岩:年代学及地球化学证据[J].岩石学报,26(11):3245-3258.

钟日晨,李文博,2009.内蒙古白乃庙矿田十四万金矿床流体包裹体研究[J].岩石学报,25:2973-2982.

周桐,孙珍军,于赫楠,等,2022.内蒙古浩布高铅锌矿床小罕山岩体年代学、Hf同位素及地球化学特征[J].现代地质,36(1):282-294.

周文孝,葛梦春,2013.内蒙古锡林浩特地区中元古代锡林浩特岩群的厘定及其意义[J].地球科学,38(4):715-724.

周振华,吕林素,杨永军,等,2010.内蒙古黄岗锡铁矿区早白垩世A型花岗岩成因:锆石U-Pb年代学和岩石地球化学制约[J].岩石学报,26(12):3521-3537.

周振华,欧阳荷根,武新丽,等,2014.内蒙古道伦达坝铜钨多金属矿黑云母花岗岩年代学、地球化学特征及其地质意义[J].岩石学报,30(1):79-94.

周振华,武新丽,欧阳荷根,等,2012.内蒙古莲花山铜银矿斜长花岗斑岩LA-MC-ICP-MS锆石U-Pb测年、Hf同位素研究及其地质意义[J].中国地质,39(6):1472-1485.

朱俊宾,2015.内蒙古东南部上石炭统—下三叠统的沉积环境和构造背景[D].北京:中国地质大学(北京).

朱雪峰,陈衍景,王玭,等,2018.内蒙古毕力赫斑岩型金矿成矿岩体地球化学、锆石U-Pb年代学及Hf同位素研究[J].地学前缘,25(5):119-134.

朱永峰,张云迪,蒋久阳,等,2022.兴蒙造山带中与古亚洲洋演化有关的成矿系统初步研究[J].矿床地质,41(3):449-468.

祝洪涛,吴仁贵,姜山,等,2019.内蒙古红山子复式岩体地质时代的厘定及其地质意义

[J]. 岩石矿物学,38(4):453-464.

邹滔,2012. 内蒙古敖仑花斑岩型钼矿床岩浆演化与成矿机理研究[D]. 云南:昆明理工大学.

AMELIN Y, LEE D C, HALLIDAY A N, et al., 1999. Nature of the Earth's earliest crust from hafnium isotopes in single detrital zircons[J]. Nature, 399:252-255.

ANDERSEN T, 2005. Detrital zircons as tracers of sedimentary provenance: limiting conditions from statistics and numerical simulation[J]. Chemical Geology, 216(3/4): 249-270.

BALLARD J R, PALIN M J, CAMPBELL I H, 2002. Relative oxidation states of magmas inferred from Ce(Ⅳ)/Ce(Ⅲ) in zircon: application to porphyry copper deposits of northern Chile[J]. Contributions to Mineralogy and Petrology, 144(3):347-364.

BARBARIN B, 1999. A review of the relationships between granitoid types, their origins and their geodynamic environments[J]. Lithos, 46(3):605-626.

BAYON G, VIGIER N, BURTON K W, et al., 2006. The control of weathering processes on riverine and seawater Hafnium isotope ratios[J]. Geology, 34(6):433-436.

BAZHENOV M L, KOZLOVSKY A M, YARMOLYUK V V, et al., 2016. Late Paleozoic paleomagnetism of south Mongolia: exploring relationships between Siberia, Mongolia and North China[J]. Gondwana Research, 40:124-141.

BERNARD G J, PEUCAT J J, SHEPPARD S, et al., 1985. Petrogenesics of Hercynian leucogranites from the southern Armorican Massif: contribution of REE and isotopic (Sr, Nd, Pb and O) geochemical data to the study of source rock characteristics and ages[J]. Earth and Planetary Science Letters, 74(2/3):235-250.

BLANK L P, KAMO S L, WILLIAMS I S, et al., 2003. The application of SHEIMP to Phanerozoic geochronology: a critical appraisal of four zircon standards[J]. Chemical Geology, 200:171-188.

BLICHERT T J, ALBARÈDE F, 1997. The Lu-Hf isotope geochemistry of chondrites and the evolution of the mantle-crust system[J]. Earth and Planetary Science Letters, 148 (1/2):243-258.

BLICHERT-TOFT J, FREY F A, ALBARÈDE F, 1999. Hf isotope evidence for pelagic sediments in the source of Hawaiian basalts[J]. Science, 285(5429):879-882.

BOTCHARNIKOV R E, LINNEN R L, WILKE M, et al., 2011. High gold concentrations in sulphide-bearing magma under oxidizing conditions[J]. Nature Geoscience, 4(2):112-115.

CAI W Y, WANG K Y, LI J, et al., 2021. Genesis of the Bagenheigeqier Pb-Zn skarn deposit in Inner Mongolia, NE China: constraints from fluid inclusions, isotope systematics and geochronology[J]. Geological Magazine, 158(2):271-294.

CAMPBELL I H, NALDRETT A J, 1979. The influence of silicate: sulfide ratios on the geochemistry of magmatic sulfides[J]. Economic Geology,74(6):1503-1506.

CHAPPELL B W,WHITE A J R,1992. I-and S-type granites in the Lachlan Fold Belt [J]. Earth and Environmental Science Transactions of the Royal Society of EdiNdurgh,83 (1/2):1-26.

CHAPPELL B W, WHITE A J R, WYBORN D, 1987. The importance of residual source material (restite) in granite petrogenesis[J]. Journal of Petrology,28(6):1111-1138.

CHEN B,JAHN B M,WILDE S,et al.,2000. Two contrasting Paleozoic magmatic belts in northern Inner Mongolia, China: petrogenesis and tectonic implications [J]. Tectonophysics,328(1/2):157-182.

CHEN X H,MA Y C,LING M X,et al.,2024. Petrogenesis and metallogenic potential of granodiorite porphyry in the Kalatag district,East Tianshan,NW China:Constraints from geochronology,mineral geochemistry,Sr-Nd-Hf-O-S isotopes and sulfide trace elements[J]. Ore Geology Reviews,165:105865.

CHEN Y J,CHEN H Y,ZAW K,et al.,2007. Geodynamic settings and tectonic model of skarn gold deposits in China: An overview[J]. Ore Geology Reviews,31(1):139-169.

CHEN Y J,WANG P,LI N,et al.,2017. The collision-type porphyry Mo deposits in Dabie Shan,China[J]. Ore Geology Reviews,81(2):405-430.

CHEN Y J,ZHANG C,WANG P,et al.,2016. The Mo deposits of northeast china: a powerful indicator of tectonic settings and associated evolutionary trends[J]. Ore Geology Reviews,81(2):602-640.

CHENG Y B,MAO J,2010. Age and geochemistry of granites in Gejiu area,Yunnan province,SW China:constraints on their petrogenesis and tectonic setting[J]. Lithos,120 (3/4):258-276.

DAVID K, FRANK M, O'NIONS R K, et al., 2001. The Hf isotope composition of global seawater and the evolution of Hf isotopes in the deep Pacific Ocean from Fe-Mn crusts [J]. Chemical Geology,178(1/4):23-42.

DENG J, YUAN W M, CARRANZA E J M, et al., 2014. Geochronology and thermochronometry of the Jiapigou gold belt,northeastern China:new evidence for multiple episodes of mineralization[J]. Journal of Asian Earth Sciences,89:10-27.

DEPAOLO D J, WASSERBURG G J, 1976. Nd isotopic variations and petrogenetic models[J]. Geophysical Research Letters,3:249-252.

DOLGOPOLOVA A, SELTMANN R, ARMSTRONG R, 2013. Sr-Nd-Pb-Hf isotope systematics of the Hugo Dummett Cu-Au porphyry deposit (Oyu Tolgoi, Mongolia)[J]. Lithos(4):164-167.

DOWNES H, SHAW A, WILLIAMSON B J, et al., 1997. Sr, Nd and Pb isotope geochemistry of the Hercynian granodiorites and monzogranites,Massif Central,France[J]. Chemical Geology,136:99-122.

DUAN X X, ZENG Q D, YANG Y H, et al. , 2015. Triassic magmatism and Mo mineralization in Northeast China: geochronological and isotopic constraints from the Laojiagou porphyry Mo deposit[J]. International Geology Review,57(1):55-75.

ELHLOU S,BELOUSOVA E,GRIFFIN W L,et al. ,2006. Trace element and isotopic composition of GJ-red zircon standard by laser ablation[J]. Geochimica et Cosmochimica Acta,70(18,Supplement):A158.

FU D, HUANG B, PENG S, et al. , 2016. Geochronology and geochemistry of late Carboniferous volcanic rocks from northern Inner Mongolia, North China: petrogenesis and tectonic implications[J]. Gondwana Research,36:545-560.

GRAHAM S,PEARSON N,JACKSON S,et al. ,2004. Tracing Cu and Fe from source to porphyry: in situ determination of Cu and Fe isotope ratios in sulfides from the Grasberg Cu-Au deposit[J]. Chemical Geology,207(3):147-169.

GRIFFIN W L, PEARSON N J, BELOUSOVA E, et al. , 2000. The Hf isotope composition of cratonic mantle: LAM-MC-ICPMS analysis of zircon megacrysts in kimberlites[J]. Geochimica et Cosmochimica Acta,64(1):133-147.

GRIFFIN W L, WANG X, JACKSON SE, et al. , 2002. Zircon chemistry and magma mixing,SE China:In-situ analysis of Hf isotopes,Tonglu and Pingtan igneous complexes[J]. Lithos,61(3/4):237-269.

GUO, Z H, ZHANG B L, JIA W C, et al. , 2013. Discussion on the geochemical characteristics and mechanism of rock formation of the giant phenocryst adamellite in southeast Mongolia[J]. Journal of Jilin University (Earth Science Edition),43(3):777-787.

HAMILTON P J, EVENSEN N M, O′ NIONS R K, 1979. Sm-Nd systematics of Lewisian gneisses:implications for the origin of granulites[J]. Nature,277(5691):25-28.

HAN B F, WANG S G, JAHN B M, et al. , 1997. Depleted-mantle source for the Ulungur River A-type granites from North Xinjiang,China:geochemistry and Nd-Sr isotopic evidence,and implications for Phanerozoic crustal growth[J]. Chemical Geology,138(3/4):135-159.

HAN S,WANG S,DUAN X,et al. ,2022. Metallogenic material source and genesis of the Jilinbaolige Pb-Zn-Ag deposit, the Great Xing′ an Range, China: Constraints from mineralogical,S isotopic,and Pb isotopic studies of sulfide ores[J]. Minerals,12:1512.

HANSON G N,1978. The application of trace elements to the petrogenesis of igneous rocks of granitic composition[J]. Earth and Planetary Science Letters,38(1):26-43.

HEDENQUIST J W, ARRIBAS A, REYNOLDS T J, 1998. Evolution of an intrusion-centered hydrothermal system: far southeast-lepanto porphyry and epithermal cu-au deposits,Philippines[J]. Economic Geology,93(4):373-404.

HOLZHEID A,LODDERS K,2001. Solubility of copper in silicate melts as function of oxygen and sulfur fugacities, temperature, and silicate composition [J]. Geochimica et

Cosmochimica Acta,65(12):1933-1951.

HU C S,LI W B,XU C,et al. ,2015. Geochemistry and zircon U-Pb-hf isotopes of the granitoids of baolidao and halatu plutons in sonidzuoqi area,Inner Mongolia:implications for petrogenesis and geodynamic setting[J]. Journal of Asian Earth Sciences,97:294-306.

HUANG K, ZHU M T, ZHANG L C, et al. ,2020. Geological and mineralogical constraints on the genesis of the Bilihe gold deposit in Inner Mongolia, China[J]. Ore Geology Reviews,124:103607.

HUANG T,CHEN C,LV X,et al. ,2023. Evolution and origin of the Bairendaba Ag-Pb-Zn deposit in Inner Mongolia, China: constraints from infrared micro-thermometry, mineral composition, thermodynamic calculations, and in situ Pb isotope[J]. Ore Geology Reviews,154:105316.

JACKSON S E,PEARSON N J,GRIFFIN W L,et al. ,2004. The application of laser ablation-inductively coupled plasma-mass spectrometry to in situ U-Pb zircon geochronology [J]. Chemical Geology,211:47-69.

JAHN B M,WU F Y,CHEN B,2000a. Granitoids of the Central Asian Orogenic Belt and continental growth in the Phanerozoic [J]. Earth and Environmental Science Transactions of the Royal Society of Edinburgh,91:181-193.

JAHN B M,WU F Y,CHEN B,2000b. Massive granitoid generation in Central Asia:Nd isotope evidence and implication for continental growth in the Phanerozoic[J]. Episodes,23 (2):82-92.

JAHN B M,WU F Y,HONG D W,2003. Important crustal growth in the phanerozoic : isotopic evidence of granitoids from eastcentral Asia[J]. Journal of Earth System Science, 109(1):5-20.

JAHN B M, WU F, LO C H, et al. ,1999. Crust-mantle interaction induced by deep subduction of the continental crust: geochemical and Sr-Nd isotopic evidence from post-collisional mafic-ultramafic intrusions of the northern dabie complex, central china[J]. Chemical Geology,365(2/3):119-146.

JIA Z,TAO X X,LI W C,et al. ,2024. The lithospheric cycle of ore-forming ingredients and the resultant recurrent "flare-ups" of porphyry Cu deposits:examples from the Yidun Arc,eastern Tibet[J]. Ore Geology Reviews,164:105809.

JIAN P,KRÖNER A,JAHN B M,et al. ,2014. Zircon dating of Neoproterozoic and Cambrian ophiolites in West Mongolia and implications for the timing of orogenic processes in the central part of the Central Asian Orogenic Belt[J]. Earth-Science Reviews,133:62-93.

JIAN P, LIU D, KRÖNER A, et al. , 2008. Time scale of an early to mid-Paleozoic orogenic cycle of the long-lived Central Asian Orogenic Belt, Inner Mongolia of China: implications for continental growth[J]. Lithos,101(3/4):233-259.

JIAN P,LIU D,KRÖNER A,et al. ,2010. Evolution of a Permian intraoceanic arctrench system in the Solonker suture zone, Central Asian Orogenic Belt, China and Mongolia [J]. Lithos,118:169-190.

JIANG S H, BAGAS L, HU P, et al., 2016. Zircon U－Pb ages and Sr－Nd－Hf isotopes of the highly fractionated granite with tetrad REE patterns in the Shamai tungsten deposit in eastern Inner Mongolia, China: Implications for the timing of mineralization and ore genesis[J]. Lithos, 261: 322－339.

KE L L, ZHANG H Y, LIU J J, et al., 2017. Fluid inclusion, H-O, S, Pb and noble gas isotope studies of the Aerhada Pb-Zn-Ag deposit, Inner Mongolia, NE China[J]. Ore Geology Reviews,88:304-316.

KEMP A I, HAWKESWORTH C J, FOSTER G L, et al., 2007. Magmatic and crustal differentiation history of granitic rocks from Hf-O isotopes in zircon[J]. Science,315(5814): 980-983.

KESLER S E, CHRYSSOULIS S L, SIMON G, 2002. Gold in porphyry copper deposits: its abundance and fate[J]. Ore Geology Reviews,21(1):103-124.

KIRKHAM R V, SINCLAIR W D, 1995. Porphyry copper, gold, molybdenum, tungsten, tin, silver [M]//Eckstrand O R, Sinclair W D, Thorpe R I. Geology of Canadian Mineral Deposit Types. Canada: Geology of Canada,(8):421-446.

LEE C Y, TSAI J H, HO H H, et al., 1997. Quantative analysis in rock samples by an X-ray fluorescence spectrometer,(I) major elements[J]. Annual Meeting of the Geological Society of China, Program with Abstract:418-420.

LENG C B, ZHANG X C, HUANG Z L, et al., 2015. Geology, Re-Os ages, sulfur and lead isotopes of the Diyanqinamu porphyry Mo deposit, Inner Mongolia, NE China[J]. Economic Geology,110 (2):557-574.

LI H, SUN H S, WU J H, et al., 2017. Re-Os and U-Pb geochronology of the Shazigou Mo polymetallic ore field, Inner Mongolia: implications for Permian-Triassic mineralization at the northern margin of the North China Craton[J]. Ore Geology Reviews,83:287-299.

LI N, CHEN Y J, PIRAJNO F, et al., 2012a. LA-ICP-MS zircon U-Pb dating, trace element and hf isotope geochemistry of the heyu granite batholith, eastern qinling, central china: implications for Mesozoic tectono-magmatic evolution[J]. Lithos,142/143(6):34-47.

LI S, WILDE S A, WANG T, et al., 2016. Latest early Permian granitic magmatism in southern Inner Mongolia, china: implications for the tectonic evolution of the southeastern Central Asian Orogenic Belt[J]. Gondwana Research,29(1):168-180.

LI W B, HU C S, ZHONG R C, et al., 2015. U-Pb,^{39}Ar/^{40}Ar geochronology of the metamorphosed volcanic rocks of the Bainaimiao Group in the south part of Great Hingan Range and its implications for ore genesis and geodynamic setting[J]. Journal of Asian Earth Sciences,97:251-259.

LI W B, ZHONG R C, XU C, et al., 2012b. U-Pb and Re-Os geochronology of the

Bainaimiao Cu-Mo-Au deposit, on the northern margin of the North China Craton, Central Asia Orogenic Belt: implications for ore genesis and geodynamic setting[J]. Ore Geology Reviews,48:139-150.

LI X H, LI Z X, LI W X, et al., 2006. Initiation of the Indosinian Orogeny in South China: evidence for a PermianMagmatic Arc on Hainan Island[J]. The Journal of Geology, 114(3):341-353.

LI Y X, SHU Q H, NIU X D, et al., 2022. Timing of the formation of the Baiyinnuo'er skarn Zn-Pb deposit, NE China: evidence from sulfide Rb-Sr dating[J]. Acta Geochimica, 41: 185-196.

LIEW T C, HOFMANN A W, 1988. Precambrian crustal components, plutonic associations, and plate environment of the Hercynian fold belt of central Europe: indications from Nd and Sr isotopic study[J]. Contributions to Mineralogy and Petrology, 98 (2): 129-138.

LIU J F, LI J Y, CHI X G, et al., 2013. A Late-Carboniferous to early early-permian subduction-accretion complex in daqing pasture, southeastern Inner Mongolia: evidence of northward subduction beneath the siberian paleoplate southern margin[J]. Lithos, 177(2): 285-296.

LIU J M, ZHAO Y, SUN Y L, et al., 2010b. Recognition of the latest Permian to Early Triassic Cu-Mo mineralization on the northern margin of the North China block and its geological significance[J]. Gondwana Research,17(1):125-134.

LIU Y F, JIANG S H, 2010a. The SHRIMP zircon U-Pb dating and geochemical features of bairendaba diorite in the xilinhaote area, Inner Mongolia, china[J]. Geological Bulletin of China,29(5):688-696.

LIU Y F, JIANG S H, BAGAS L, 2016. The genesis of metal zonation in the Weilasituo and Bairendaba Ag-Zn-Pb-Cu-(Sn-W) deposits in the shallow part of a porphyry Sn-W-Rb system, Inner Mongolia, China[J]. Ore Geology Reviews,75:150-173.

LIU Y, LI W, FENG Z, et al., 2017. A review of the Paleozoic tectonics in the eastern part of Central Asian Orogenic Belt[J]. Gondwana Research,43:123-148.

LUDWIG K R, 2003. ISOPLOT 3.0: a Geochronological Toolkit for Microsoft Excel [J]. Berleley Geochronoloty Center, California.

LUGMAIR G W, MARTI K, 1978. Lunar initial $^{143}Nd/^{144}Nd$: differential evolution of the lunar crust and mantle[J]. Earth and Planetary Science Letters,39(3):349-357.

MATHUR R, RUIZ J, TITLEY S, et al., 2000. Different crustal sources for au-rich and au-poor ores of the grasberg Cu-Au porphyry deposit[J]. Earth Planetary Science Letters, 183(1/2):7-14.

MEI W, LV X, CAO X, et al., 2015. Ore genesis and hydrothermal evolution of the Huanggang skarn iron-tin polymetallic deposit, southern Great Xing'an Range: Evidence from fluid inclusions and isotope analyses[J]. Ore Geoloy Reviews. 64:239-252.

MI K F, LYU Z C, YAN T J, et al., 2019. Zircon geochronological and geochemical study of the Baogaigou Tin deposits, southern Great Xing'an Range, Northeast China: implications for the timing of mineralization and ore genesis[J]. Geological Journal, 55(7): 5062-5081.

MIAO L C, FAN W M, LIU D Y, et al., 2008. Geochronology and geochemistry of the Hegenshan ophiolitic complex: implications for late-stage tectonic evolution of the Inner Mongolia-Daxinganling Orogenic Belt, China[J]. Journal of Asian Earth Sciences, 32(5/6): 348-370.

MIAO L C, LIU Y M, ZHANG F Q, et al., 2007. Zircon SHRIMP U-Pb ages of the "Xinghuadukou Group" in Hanjiayuanzi and Xinlin areas and the "Zhalantun Group" in Inner Mongolia, Da Hinggan Mountains[J]. Chinese Science Bulletin, 52: 1112-1134.

MUNGALL J E, 2002. Roasting the mantle: slab melting and the genesis of major Au and Aurich Cu deposits[J]. Geology, 30(10): 915-918.

MUNTEAN J L, EINAUDI M T, 2000. Porphyry gold deposits of the refugio district, maricunga belt, northern chile[J]. Economic Geology, 95(7): 1445-1472.

NIE F J, JIANG S H, SU X X, et al., 2002. Geological features and origin of gold deposits occurring in the Baotou-Bayan Obo district, south-central Inner Mongolia, People's Republic of China[J]. Ore Geology Review, 20(3/4): 139-169.

OUYANG H G, MAO J W, ZHOU Z H, et al., 2015. Late Mesozoic metallogeny and intracontinental magmatism, southern Great Xing'an Range, northeastern China [J]. Gondwana Research, 27(3): 1153-1172.

OUYANG H G, WU X L, MAO J W, et al., 2014. The nature and timing of ore formation in the Budunhua copper deposit, southern Great Xing'an Range: evidence from geology, fluid inclusions, and U-Pb and Re-Os geochronology[J]. Ore Geology Reviews, 63: 238-251.

PEACH C L, MATHEZ E A, KEAYS R R, 1990. Sulfide melt-silicate melt distribution coefficients for noble metals and other chalcophile elements as deduced from MORB: implications for partial melting[J]. Geochimica et Cosmochimica Acta, 54(12): 3379-3389.

PEARCE J A, HARRIS N D W, TINDLE A G, 1984. Trace element discrimination diagrams for the tectonic interpretation of granitic rocks[J]. Journal of Petrology, 25(4): 956-983.

PEARCE J A, PEATE D W, 1995. Tectonic implications of the composition of volcanic ARC magmas[J]. Annual Review of Earth and Planetary Sciences, 23(1): 251-285.

PEARCE J A, STERN R J, 2006. Origin of back-arc basin magmas: trace element and isotope perspectives[M]//Christie DM, Fisher C R, Lee SM, Givens S (Eds.). Back-arc spreading systems: geological, biological, chemical, and physical interactions. Washington

DC:American Geophysical Union.

PEUCAT J J, VIDAL P, GRIFFITHS J B, et al., 1989. Sr, Nd, and Pb Isotopic systematics in the archean low-to high-grade transition zone of southern India:syn-accretion vs. post-Accretion granulites[J]. The Journal of Geology,97(5):537-549.

PITCHER W S,1982. Granite type and tectonic environment[M]. London: Academic Press.

PITCHER W S,1993. The Nature and Origin of Granite[M]. Springer,Berlin.

POKROVSKI G S,DUBROVINSKY L S,2011. The S3-Ion is stable in geological fluids at elevated temperatures and pressures[J]. Science,331(6020):1052-1054.

QI L, HU J, GREGOIRE D C, 2000. Determination of trace elements in granites by inductively coupled plasma mass spectrometry[J]. Talanta,51(3):507-513.

QIAO X Y, LI W B, ZHANG L J, et al., 2022. extural, fluid inclusion, and in-situ oxygen isotope studies of quartz:Constraints on vein formation, disequilibrium fractionation, and gold precipitation at the Bilihe gold deposit, Inner Mongolia, China[J]. American Mineralogist,107(3):517-531.

QU G Y, WANG K Y, YANG H, et al., 2021. Fluid inclusions, H-O-S-Pb isotopes and metallogenic implications of Triassic Hua'naote Ag-Pb-Zn deposit (Inner Mongolia, China) in the eastern Central Asian Orogenic Belt[J]. Journal of Geochemical Exploration, 225:106766.

RAVIKANT V, WU F Y, JI W Q, 2011. U-Pb age and Hf isotopic constraints of detrital zircons from the Himalayan foreland Subathu sub-basin on the Tertiary palaeogeography of the Himalaya[J]. Earth & Planetary Science Letters,304(3/4):356-368.

RICHARDS J P, 2009. Postsubduction porphyry Cu-Au and epithermal Au deposits: products of remelting of subduction-modified lithosphere[J]. Geology,37(3):247-250.

RICHARDS J P, 2011. Magmatic to hydrothermal metal fluxes in convergent and collided margins[J]. Ore Geology Reviews,40:1-26.

ROBINSON P T, ZHOU M F, HU X F, et al., 1999. Geochemical constraints on the origin of the Hegenshan Ophiolite, Inner Mongolia, China[J]. Journal of Asian Earth Sciences,17:423-442.

ROLLINSON H R, 1993. Using geochemical data: evaluation, presentation, interpretation[M]. London:Longman Scientific and Technical.

SCHERER E, MUNKER C, MEZGER K, 2001. Calibration of the lutetium-hafnium clock[J]. Science,293(5530):683-687.

SHANG Z, ZHOU D, CHEN Y Q, 2021. Genesis, metallogenetic and tectonic significance of the A-type granites in Hashitu Mo deposit, southern Great Hinggan Range, NE China[J]. Ore Geology Reviews,138:104388.

SHI Y R, JIAN P, KRÖNER A, et al. , 2016. Zircon ages and hf isotopic compositions of plutonic rocks from the central tianshan (xinjiang, northwest china) and their significance for early to mid-palaeozoic crustal evolution[J]. International Geology Review, 56(11): 153-169.

SILLITOE R H, 1979. Some thoughts on gold-rich porphyry copper deposits[J]. Mineralium Deposita, 14(2): 161-174.

SILLITOE R H, 1991. Gold metallogeny of chile: an introduction. Economic Geology [J]. 86(6): 1187-1205.

SILLITOE R H, 2000. Gold-rich porphyry deposits, descriptive and genetic models and their role in exploration and discovery[J]. Seg Reviews, 13: 315-345.

SILLITOE R H, 2010. Porphyry copper systems[J]. Economic Geology, 105(1): 3-41.

STEIGER R H, JÄGER E, 1977. Subcommission on geochronology: convention on the use of decay constants in geo-and cosmochronology[J]. Earth and Planetary Science Letters, 36(3): 359-362.

STERN R J, FOUCH M J, KLEMPERER S L, 2003. An overview of the Izu-Bonin-Mariana subduction factory[M]. Washington DC: American Geophysical Union.

SUN S S, MCDONOUGH W F, 1989. Chemical and isotopic systematics of oceanic basalts: implications for mantle composition and processes[J]. Geological Society London Special Publications, 42(1): 313-345.

SUN W D, LIANG H Y, LING M X, et al. , 2013. The link between reduced porphyry copper deposits and oxidized magmas[J]. Geochimica et. Cosmochimica Acta, 103: 263-275.

SYLVESTER P J, 1989. Post-collisional alkaline granites[J]. The Journal of Geology, 97: 261-280.

SYLVESTER P J, 1998. Post-collisional strongly peraluminous granites[J]. Lithos, 45 (1/4): 29-44.

TANG J, XU W L, WANG F, et al. , 2013. Geochronology and geochemistry of Neoproterozoic magmatism in the Erguna Massif, NE China: petrogenesis and implications for the breakup of the Rodinia supercontinent[J]. Precambrian Research, 224: 597-611.

TANG K D, 1990. Tectonic development of Paleozoic foldbelts at the north margin of the Sino-Korean Craton[J]. Tectonics, 9(2): 249-260.

TANG K D, YAN Z Y, 1993. Regional metamorphism and tectonic evolution of the Inner Mongolian suture zone[J]. Journal of Metamorphic Geology, 11: 511-522.

TAYLOR S R, MCCLENNAN S M, 1985. The continental crust: its compositiong and evolution[M]. London: Blackwell Scientific Publication.

VAN D M, WEINBERG R F, TOMKINS A G, et al. , 2010. Recycling of Proterozoic crust in pleistocene juvenile magma and rapid formation of the ok tedi porphyry cu-au deposit, Papua New Guinea[J]. Lithos, 114(3/4): 282-292.

主要参考文献

VERMEESCH P, 2004. How many grains are needed for a provenance study? [J]. Earth and Planetary Science Letters, 224(3/4): 441-451.

VERVOORT J D, PATCHETT P J, 1996. Behavior of hafnium and neodymiym isotopes in the crust: constraints from precam-brian crustally derived granites [J]. Geochimica et Cosmochimica Acta, 60(19): 3717-3733.

VERVOORT J D, PATCHETT P J, BLICHERT-TOFT J, et al., 1999. Relationships between Lu-Hf and Sm-Nd isotopic systems in the global sedimentary system [J]. Earth and Planetary Science Letters, 168: 79-99.

VIDAL P, BERNARD G J, COCHERIE A, et al., 1984. Geochemical comparison between Himalayan and Hercynian leucogranites [J]. Physics of the Earth and Planetary Interiors, 35: 179-190.

VILA T, SILLITOE R H, 1991. Gold-rich porphyry systems in the maricunga belt, northern chile [J]. Economic Geology, 86(6): 1238-1260.

VILLAGÓMEZ D, SPIKINGS R, MAGNA T, et al., 2011. Geochronology, geochemistry and tectonic evolution of the Western and Central cordilleras of Colombia [J]. Lithos, 125 (3/4): 875-896.

WAINWRIGHT A J, TOSDAI R M, LEWIS P D, et al., 2017. Exhumation and preservation of porphyry Cu-Au deposits at Oyu Tolgoi, South Gobi Region, Mongolia [J]. Economic Geology, 112(3): 591-601.

WANG F, XU W L, MENG E, et al., 2012. Caledonian Amalgamation of the Songnen-Zhangguangcai Range and Jiamusi massifs in the eastern segment of the Central Asian Orogenic Belt: Geochronological and geochemical evidence from granitoids and rhyolites [J]. Journal of Asian Earth Sciences, 234: 234-248.

WANG P, CHEN Y J, WANG C M, et al., 2016a. Genesis and tectonic setting of the giant Diyanqin'amu porphyry Mo deposit in Great Hingan Range, NE China: constraints from U-Pb and Re-Os geochronology and Hf isotopic geochemistry [J]. Ore Geology Reviews, 81(2): 706-779.

WANG J X, NIE F J, ZHANG X N, et al., 2016b. Molybdenite Re-Os, zircon U-Pb dating and Lu-Hf isotopic analysis of the Xiaerchulu Au deposit, Inner Mongolia Province, China [J]. Lithos, 261: 356-372.

WANG R L, ZENG Q D, ZHANG Z C, et al., 2021a. Extensive mineralization in the eastern segment of the Xingmeng orogenic belt, NE China: a regional view [J]. Ore Geology Reviews, 135: 104204.

WANG X D, XU D M, LV X B, et al., 2018. Origin of the Haobugao skarn Fe-Zn polymetallic deposit, Southern Great Xing'an Range, NE China: geochronological, geochemical, and Sr-Nd-Pb isotopic constraints [J]. Ore Geology Reviews, 94: 58-72.

WANG Y B, CAI J Q, LIU LI, et al., 2023. A Permian intermediate-sulfidation epithermal Pb-Zn-Ag deposit in the northern margin of North China Craton [J]. Ore Geology

Reviews,158:105492.

WANG Y H, LIU J J, WANG K, et al., 2021b. Origin of the post-collisional carboniferous granitoids associated with the Azhahada Cu-Bi deposit in Inner Mongolia, Northeast China and implications for regional metallogeny[J]. Ore Geology Reviews,139 (Part A):104420.

WHALEN J B, CURRIE K L, CHAPPELL B W, 1987. A-type granites: geochemical characteristics, discrimination and petrogenesis [J]. Contributions to Mineralogy and Petrology,95:407-419.

WHITE W M, PATCHETT J, BENOTHMAN D, 1986. Hf isotope ratios of marine sediments and Mn nodules: evidence for a mantle source of Hf in seawater[J]. Earth and Planetary Science Letters,79:46-54.

WIEDENBECK M, ALLÉ P, CORFU F, et al.,1995. Three natural zircon standards for U-Th-Pb, Lu-Hf, trace element and REEs analyeses[J]. Geostandards Newsletter,19:1-23.

WINDLEY B F, ALEXEIRV D, XIAO W J, et al.,2007. Tectonic models for accretion of the Central Asian Orogenic Belt[J]. Journal of the Geological Society of London,164: 31-47.

WOLF M B, LONDON D, 1994. Apatite dissolution into peraluminous haplogranitic melts: an experimental study of solubilities and mechanisms[J]. Geochimica et Cosmochimica Acta,58(19):4127-4145.

WOODHEAD J D, HERGT J M, 2005. A preliminary appraisal of seven natural zircon reference materials for in situ Hf isotope determination[J]. Geostandards and Geoanalytical Research,29:183-195.

WU C L, YANG J S, ROBINSON P T, 2009. Geochemistry, age and tectonic significance of granitic rocks in north Altun, northwest China[J]. Lithos,113(3/4):423-436.

WU C, WANG B R, ZHOU Z G, et al., 2017. The relationship between magma and mineralization in Chaobuleng iron polymetallic deposit, Inner Mongolia [J]. Gondwana Research,45:228-253.

WU F Y, JAHN B M, WILDE S A, et al., 2003a. Highly fractionated I-type granites in NE China (Ⅰ):geochronology and petrogenesis[J]. Lithos,66(3/4):241-273.

WU F Y, JAHN B M, WILDE S A, et al., 2003b. Highly fractionated I-type granites in NE China (Ⅱ):isotopic geochemistry and implications for crustal growth in the Phanerozoic [J]. Lithos,67(3/4):191-204.

WU F Y, JAHN B M, WILDE S, et al.,2000. Phanerozoic crustal growth: U-Pb and Sr-Nd isotopic evidence from the granites in northeastern China[J]. Tectonophysics,328(1/2): 89-113.

WU F Y, SUN D Y, GE W C, et al.,2011a. Geochronology of the phanerozoic granitoids in northeastern china[J]. Journal of Asian Earth Sciences,41(1):1-30.

WU F Y, SUN D, LI H, et al., 2002. A-type granites in northeastern China: age and geochemical constraints on their petrogenesis[J]. Chemical Geology, 187:143-173.

WU F Y, YANG Y H, XIE L W, et al., 2006. Hf isotopic compositions of the standard zircons and baddeleyites used in U-Pb geochronology[J]. Chemical Geology, 234(1/2), 105-126.

WU G, CHEN Y, SUN F, et al., 2015. Geochronology, geochemistry, and Sr-Nd-Hf isotopes of the early Paleozoic igneous rocks in the Duobaoshan area, NE China, and their geological significance[J]. Journal of Asian Earth Sciences, 97: Part B, 229-250.

WU H Y, ZHANG L C, PIRAJNO F, et al., 2014. The Jiguanshan porphyry Mo deposit in the Xilamulun metallogenic belt, northern margin of the North China Craton, U-Pb geochronology, isotope systematics, geochemistry and fluid inclusion studies: Implications for a genetic model[J]. Ore Geology Reviews, 56:549-565.

WU H Y, ZHANG L C, WAN B, et al., 2011b. Re-Os and $^{40}Ar/^{39}Ar$ ages of the Jiguanshan porphyry Mo deposit, Xilamulun metallogenic belt, NE China, and constraints on mineralization events[J]. Mineralium Deposita, 46:171-185.

WYLLIE P J, 1977. Crustal anatexis: an experimental review[J]. Tectonophysics, 43(1):41-71.

WYLLIE P J, COX K G, BIGGAR G M, 1962. The habit of apatite in synthetic systems and igneous rocks[J]. Journal of Petrology, 3(2):238-243.

XIAO W J, KUSKY T, 2009. Geodynamic processes and metallogenesis of the Central Asian and related orogenic belts: introduction[J]. Gondwana Research, 16(2):167-169.

XIAO W J, SONG D F, WINDLEY B F, et al., 2020. Accretionary processes and metallogenesis of the Central Asian Orogenic Belt: advances and perspectives[J]. Science China Earth Science, 63, 329-361.

XIAO W J, WINDLEY B F, HAO J, et al., 2003. Accretion leading to collision and the Permian Solonker suture, Inner Mongolia, China: termination of the central Asian orogenic belt[J]. Tectonics, 22(6):1069-1089.

XIE W, ZENG Q D, ZHOU L L, et al., 2022. Ore Genesis of the Baishitouwa Quartz-Wolframite Vein-Type Deposit in the Southern Great Xing'an Range W Belt, NE China: constraints from Wolframite in-situ Geochronology and Geochemistry Analyses[J]. Minerals, 12(5):515.

XU B, CHARVET J, CHEN Y, et al., 2013. Middle Paleozoic convergent orogenic belts in western Inner Mongolia (China): framework, kinematics, geochronology and implications for tectonic evolution of the Central Asian Orogenic Belt[J]. Gondwana Research, 23(4):1342-1364.

XU B, LIU S W, WANG C Q, et al., 2000. Sm-Nd geochronology of Baoyintu group in northwestern Inner Mongolia[J]. Geological review, 46(1):86-90.

XU D Q,NIE F J,LIU Y,et al.,2008. Sr,Nd and Pb isotopic geochemistry of fluorite from Obotu fluorite deposit,Inner Mongolia[J]. Mineral Deposit Research,27(5):543-558.

YANG J H,WU F Y,SHAO J A,2006. Constraints on the timing of uplift of the Yanshan Fold and Thrust Belt,North China[J]. Earth and Planetary Science Letters,246(3):336-352.

YANG Z M,CHANG Z S,HOU Z Q,et al.,2016. Age, igneous petrogenesis, and tectonic setting of the Bilihe gold deposit,China,and implications for regional metallogeny [J]. Gondwana Research,34:296-314.

YANG Z M,CHANG Z S,PAQUETTE J,et al.,2015. Magmatic Au mineralization at the bilihe au deposit,China[J]. Economic Geology,110(7):1661-1668.

YU Y,SUN M,LONG X P,et al.,2016. Whole-rock Nd-Hf isotopic study of I-type and peraluminous granitic rocks from the Chinese Altai:constraints on the nature of the lower crust and tectonic setting[J]. Gondwana Research,47:131-141.

YUAN H L,GAO S,DAI M N,et al.,2008. Simultaneous determinations of U-Pb age, Hf isotopes and trace element compositions of zircon by excimer laser-ablation quadrupole and multiple-collector ICP-MS[J]. Chemical Geology,247(1-2):100-118.

ZENG Q D,GUO W K,CHU S X,et al.,2016. Late Jurassic granitoids in the Xilamulun Mo belt, Northeastern China: geochronology, geochemistry, and tectonic implications[J]. International Geology Review,58(5):588-602.

ZENG Q D,LIU J M,CHU S X,et al.,2012b. Mesozoic molybdenum deposits in the East Xingmeng orogenic belt, northeast China: characteristics and tectonic setting [J]. International Geology Review,54(16),1843-1869.

ZENG Q D,LIU J M,CHU S X,et al.,2014. Re-Os and U-Pb geochronology of the duobaoshan porphyry Cu-Mo-(Au) deposit,northeast china,and its geological significance [J]. Journal of Asian Earth Sciences,79(2):895-909.

ZENG Q D, LIU J M, QIN F, et al., 2010a. Geochronology of the Xiaodonggou Porphyry Mo Deposit in NorthernMargin of North China Craton[J]. Resource Geology,60(2):192-202.

ZENG Q D, LIU J M, ZHANG Z L, 2010b. Re-Os geochronology of porphyry molybdenum deposit in south segment of Da Hinggan Mountains, Northeast China[J]. Journal of Earth Science,21(4):392-401.

ZENG Q D,LIU J M,ZHANG Z L,et al.,2011. Geology and geochronology of the Xilamulun molybdenum metallogenic belt in eastern Inner Mongolia,China[J]. International Journal of Earth Sciences,100:1791-1809.

ZENG Q D,SUN Y,DUAN X X,et al.,2013. U-Pb and Re-Os geochronology of the Haolibao porphyry Mo-Cu deposit, NE China: implications for a Late Permian tectonic setting[J]. Geological Magazine,150(6):975-985.

ZENG Q D, YANG J H, LIU J M, et al., 2012a. Genesis of the Chehugou Mo-bearing granitic complex on the northern margin of the North China Craton: geochemistry, zircon U-Pb age and Sr-Nd-Pb isotopes[J]. Geological Magazine, 149(5): 753-767.

ZHAI D G, LIU J M, ZHANG A L, et al., 2017. U-Pb, Re-Os, and $^{40}Ar/^{39}Ar$ geochronology of porphyry Sn ± Cu ± Mo and polymetallic (Ag-Pb-Zn-Cu) vein mineralization at Bianjiadyuan, Inner Mongolia, northeast China: implications for discrete mineralization events[J]. Economic Geology, 112(8): 2041-2059.

ZHANG C, LI N, 2014. Geology, geochemistry and tectonic setting of the Indosinian Mo deposits in southern Great Hinggan Range, NE China[J]. Geological Journal, 49(6): 537-558.

ZHANG C, WU T R, 1998. Sm-Nd, Rb-Sr isotopic isochron of the metamorphic volcanic rocks of Ondor Sum group[J]. Scientia Geologica Sinica, 33(1): 25-30.

ZHANG H Y, ZHAO Q Q, HONG J X, et al., 2023. Constraints of zircon U-Pb, molybdenite Re-Os and muscovite $^{40}Ar-^{39}Ar$ ages on the formation of the Chaobuleng skarn Fe-Zn deposit, NE China[J]. Journal of Asian Earth Sciences, 252: 105690.

ZHANG H, LING M X, LIU Y T, et al., 2013. Highoxygen fugacity and slab melting linked to Cu mineralization: evidence from dexing porphyry copper deposits, Southeastern China[J]. The Journal of Geology, 121(3): 289-305.

ZHANG S H, ZHAO Y U E, SONG B, et al., 2007. Carboniferous granitic plutons from the northern margin of the North China block: implications for a late Palaeozoic active continental margin[J]. Journal of the Geological Society, 164(2): 451-463.

ZHANG S H, ZHAO Y, KRÖNER A, et al., 2009. Early Permian plutons from the northern North China Block: constraints on continental arc evolution and convergent margin magmatism related to the Central Asian Orogenic Belt[J]. International Journal of Earth Sciences, 98(6): 1441-1467.

ZHANG S H, ZHAO Y, YE H, et al., 2014. Origin and evolution of the Bainaimiao arc belt: implications for crustal growth in the southern Central Asian Orogenic Belt[J]. Geological Society of America Bulletin, 126(9/10): 1275-1300.

ZHANG X H, WILDE S A, ZHANG H F, et al., 2011. Early Permian high-K calc-alkaline volcanic rocks from NW Inner Mongolia, North China: geochemistry, origin and tectonic implications[J]. Journal of the Geological Society, 168: 525-543.

ZHANG X H, YUAN L L, XUE F H, et al., 2015. Early Permian A-type granites from central Inner Mongolia, North China: magmatic tracer of post-collisional tectonics and oceanic crustal recycling[J]. Gondwana Research, 28(1): 311-327.

ZHANG X H, ZHANG H F, TANG Y J, et al., 2008. Geochemistry of Permian bimodal volcanic rocks from central Inner Mongolia, North China: Implication for tectonic setting and Phanerozoic continental growth in Central Asian Orogenic Belt[J]. Chemical Geology, 249

(3/4):262-281.

ZHANG Y P,TANG K D,1989,Pre-Jurassic tectonic evolution of intercontinental region and the suture zone between the North China and Siberian platforms[J]. Journal of Southeast Asian Earth Sciences,3:47-55.

ZHAO Q Q,ZHAI D G,DOU M X,et al.,2023. Origin of Ag-Pb-Zn mineralization at Huanaote,Inner Mongolia,NE China:evidence from fluid inclusion,H-O-S-Pb and noble gas isotope studies[J]. Ore Geology Reviews,161:105656.

ZHENG Y F,CHEN Y X,DAI L Q,et al.,2015. Developing plate tectonics theory from oceanic subduction zones to collisional orogens[J]. Science China Earth Sciences,58(7):1045-1069.

ZHENG Y F,WU Y B,ZHAO Z F,et al.,2005. Metamorphic effect on zircon Lu-Hf and U-Pb isotope systems in ultrahigh-pressure eclogite-facies metagranite and metabasite [J]. Earth and Planetary Science Letters,240(2):378-400.

ZHENG Y F,ZHANG S B,ZHAO Z F,et al.,2007. Contrasting zircon Hf and O isotopes in the two episodes of Neoproterozoic granitoids in South China:implications for growth and reworking of continental crust[J]. Lithos,96(1/2):127-150.

ZHONG J,PIRAJNO F,CHEN Y J,2017. Epithermal deposits in south china:geology, geochemistry,geochronology and tectonic setting[J]. Gondwana Research,42:193-219.

ZHOU Y T,LAI Y,MENG S,et al.,2018. Controls on different mineralization styles of the Dongbulage Mo and Taibudai Cu-(Mo) porphyry deposits in the Great Xing'an Range, NE China[J]. Journal of Asian Earth Sciences,165:79-95.

ZHU D C,MO X X,WANG L Q,et al.,2009. Petrogenesis of highly fractionated I-type granites in the Zayu area of eastern Gangdese, Tibet: constraints from zircon U-Pb geochronology,geochemistry and Sr-Nd-Hf isotopes[J]. Science in China Series D:Earth Sciences,52(9):1223-1239.

ZHU M T,HUANG K,HU L,et al.,2018a. Zircon U-Pb-Hf-O and molybdenite Re-Os isotopic constraints on porphyry gold mineralization in the Bilihe deposit, NE China[J]. Journal of Asian Earth Sciences,165:371-382.

ZHU X F,CHEN Y J,WANG P,et al.,2018b. Zircon U-Pb age,geochemistry and Sr-Nd-Hf isotopes of the Baolige granite complex in the Great Hingan Range, NE China[J]. Geological Journal,53:1611-1634.

ZINDLER A,HART S R,1986. Chemical geodynamics[J]. Annual Review of Earth and Planetary Sciences Letters,58:493-517.

ZORIN Y A,BELICHENKO V G,TURUTANOV E K,1995. The East Siberia transect [J]. International geology review,37:154-175.

ŞENGÖR A M C,NATAL'IN B A,BURTMAN V S,1993. Evolution of the Altaid tectonic collage and Palaeozoic crustal growth in Eurasia[J]. Nature,364(6435):299-307.

附 录　实验方法及条件

全岩主量元素分析

全岩主量元素分析由澳实分析检测（广州）有限公司澳实矿物实验室采用 X 射线荧光光谱（XRF）分析法完成。测试所用 X 射线荧光光谱仪型号为 PANalytical Axios，精密度控制相对偏差<5%，准确度控制相对误差<2%，详细的分析流程见 Lee 等（1997）。

全岩微量元素分析

全岩微量元素分析在北京大学造山带与地壳演化教育部重点实验室进行。分析所用仪器为 VGAxiom MC-ICP-MS，详细的分析流程见 Qi 等（2000）。主量元素分析精度<5%，微量元素<10%。

锆石 U-Pb 同位素分析

锆石 U-Pb 同位素、微量元素及 Hf 同位素分析在西北大学地质学系大陆动力学教育部重点实验室进行。分析采用的激光剥蚀系统为德国 Lambda Physik 公司生产的 193nm ArF 准分子（excimer）激光器 GeoLas2005。锆石 U-Pb 同位素、微量元素分析采用美国 Agilent 公司生产的 Agilent 7500a 型 ICP-MS 仪器。激光束斑直径 32μm（个别点采用 20 μm），脉冲 8Hz。详细的分析方法见 Yuan 等（2008）。锆石 91500 和 GJ-1 为标样。$^{207}Pb/^{206}Pb$、$^{206}Pb/^{238}U$、$^{207}Pb/^{235}U$ 和 $^{208}Pb/^{232}Th$ 值计算采用 Galiter（ver 4.0，Macquarie University）程序进行处理。分析获得锆石 91500 和 GJ-1 加权平均 $^{206}Pb/^{238}U$ 年龄分别为（1 062.3±4.0）Ma[$1\sigma, n=34$，参考值（1 065.4±0.6）Ma；Wiedenbeck et al.，1995]、（600.9±3.0）Ma[$1\sigma, n=20$，参考值（599.8±4.5）Ma；Jackson et al.，2004]。年龄计算及谐和图绘制采用 Isoplot3.0（Ludwig，2003）程序完成。

锆石 Lu-Hf 同位素分析

锆石原位 Hf 同位素分析采用 Nu Plasma HR MC-ICP-MS 和 Geolas 2005 准分子激光剥蚀仪完成。分析方法见 Wu 等（2006）。分析获得的 Mon-1、91500 和 GJ-1 锆石标样 $^{176}Hf/^{177}Hf$ 分别为 0.282 739±0.000 012（$1\sigma, n=7$，参考值 0.282 739±13；Woodhead and Hergt，2005）、0.282 308±25（$1\sigma, n=7$，参考值 0.282 307±31；Wu et al.，2006）以及 0.282 025±22（$1\sigma, n=7$，参考值 0.282 015±19；Elhlou et al.，2006）。

全岩 Sr-Nd 同位素分析

全岩 Rb-Sr 和 Sm-Nd 元素的分离和纯化在北京大学造山带与地壳演化教育部重点实验室超净分离实验室完成。样品用 HNO_3 + HF + $HClO_4$ 溶解后上离心器离心,元素分离采用传统阳离子交换柱法,用不同浓度的稀盐酸来控制和淋洗,详细分离步骤见倪志勇等(2009)。同位素测试在天津地质矿产研究所完成,所用仪器为 TRITON 热电离固体同位素质谱仪。分别用 $^{86}Sr/^{88}Sr$ = 0.119 4 和 $^{146}Nd/^{144}Nd$ = 0.721 9 进行校正。在本次样品分析过程中,标样 NDS987 的 $^{87}Sr/^{86}Sr$ 多次平均检测值为 $0.710\ 217 \pm 12(1\sigma)$,标样 LRIG 的 $^{143}Nd/^{144}Nd$ 多次平均检测值为 $0.512\ 199 \pm 5(1\sigma)$。以同样化学流程处理的 BCR-2 标样测试值如下:$^{143}Nd/^{144}Nd = 0.512\ 635 \pm 6(1\sigma)$,$^{87}Sr/^{86}Sr = 0.704\ 969 \pm 22(1\sigma)$。